# GUIDE

DES

# HORLOGES PUBLIQUES

OU MANIÈRE DE RÉGLER OU D'ENTRETENIR

LES HORLOGES DU SYSTÈME SCHWILGUÉ

PAR

CH. SCHWILGUÉ.

STRASBOURG

TYPOGRAPHIE DE G. SILBERMANN, PLACE SAINT-THOMAS, 3.

1860.

# GUIDE

DES

# HORLOGES PUBLIQUES

OU MANIÈRE DE RÉGLER OU D'ENTRETENIR

LES HORLOGES DU SYSTÈME SCHWILGUÉ

PAR

CH. SCHWILGUÉ.

STRASBOURG

TYPOGRAPHIE DE G. SILBERMANN, PLACE SAINT-THOMAS, 3.

1860.

# PRÉFACE.

Les horloges de tour construites dans nos ateliers sont d'un système entièrement nouveau et diffèrent essentiellement de toutes celles qui ont été établies ailleurs jusqu'à ce jour; c'est pourquoi nous avons pensé devoir remettre entre les mains des personnes chargées du soin de nos horloges, les instructions nécessaires tant pour assurer à ces machines le meilleur état de conservation, que pour en contrôler exactement la marche.

Dans ce traité, nous avons jugé utile de donner les instructions nécessaires pour faire usage du temps moyen, nos horloges étant toutes réglées d'après ce temps.

On trouvera réuni dans ce guide tout ce qui peut intéresser, soit dans les soins à donner pour remonter et régler une horloge, soit dans les attentions à apporter pour prévenir les accidents qui pourraient en troubler la marche. A cet effet, nous y avons consigné tout ce que l'expérience d'un grand nombre d'années nous a mis à même de découvrir, et ce qui nous a paru mériter une mention spéciale.

# GUIDE

DES

# HORLOGES PUBLIQUES.

## CHAPITRE Ier.

### CONSTRUCTION DES HORLOGES DU SYSTÈME SCHWILGUÉ.

Chaque fonction principale de ces horloges est produite par un moteur ou corps de rouage particulier.

Ainsi, une horloge qui est destinée seulement à faire entendre les heures, ou les heures et leurs demies sur la même cloche, n'est composée que de deux moteurs, savoir :

1° L'un pour le mouvement, qui, au moyen des aiguilles, sert aussi à l'indication du temps sur les cadrans extérieurs.

2° L'autre pour la sonnerie des heures ou pour celle des heures et de leurs demies.

Tandis qu'une horloge qui est destinée à sonner les heures et les quarts, se trouve composée de trois moteurs, dont :

1° L'un pour le mouvement.

2° Un autre pour la sonnerie des quarts.

3° Et un troisième pour la sonnerie des heures.

Enfin, toute horloge qui, outre les heures et les quarts, fait encore entendre la répétition de l'heure, est composée de quatre moteurs, savoir :

1° Le moteur du mouvement.

2° Celui des quarts.

3° Celui des heures.

4° Et celui de la répétition des heures.

En établissant ainsi chaque fonction de l'horloge dans une cage séparée, et en en faisant l'objet d'un moteur particulier, on a l'avantage de rendre les fonctions indépendantes les unes des autres, et de faciliter de beaucoup l'entretien de l'horloge.

Ces moteurs, dont la disposition est horizontale, sont construits de manière à pouvoir être réunis ensemble et être fixés sur un châssis faisant partie d'une armoire ou cabinet en bois. La partie supérieure de cette armoire est fermée de vitrages qui permettent de voir du dehors le mécanisme intérieur et d'observer ainsi la marche de l'horloge sur le cadran fixé au mouvement.

Cette armoire étant en outre garnie de portes, ferrements et serrures, peut rester fermée pendant le temps qu'on remontera l'horloge, à l'effet de préserver les corps de rouage de la poussière et de toutes dégradations extérieures.

Les mobiles, dont sont formés les moteurs, sont construits en composition de bronze; la plupart des arbres ainsi que les pignons sont en acier fondu; les pivots de ces arbres, qui sont tous en acier fondu poli, roulent dans des trous en composition, et partout où il y a frottement, c'est toujours un métal qui est en contact avec un métal d'une espèce différente, à l'effet de diminuer le frottement[1].

### *Du moteur du mouvement.*

Le rouage du mouvement se compose:

1° D'un premier mobile qui est formé de son arbre, et d'un cylindre monté sur deux roues,

[1] Les horloges ayant des sonneries qui fonctionnent avec des cloches dont la plus grande est moindre que 250 kilogrammes, sont construites d'après un mode qui diffère en plusieurs points de celui des horloges dont les cloches sont plus fortes. — Nous désignerons les premières par *horloges du petit calibre* et les autres par *horloges du grand calibre*.

dont l'une à remontoir et l'autre à rochet, laquelle roue arcboute dans des cliquets qui permettent au cylindre de tourner dans le sens opposé de son mouvement.

Le premier mobile porte en outre un disque à rochet, servant à déplacer les aiguilles, et une grande roue, laquelle engrène dans le pignon qui se trouve sur l'arbre du second mobile. La construction de ce premier mobile diffère légèrement dans les horloges du petit calibre, en ce que ces dernières se remontent directement.

2° Le second mobile est formé de son arbre, d'un pignon et d'une roue qui engrène dans le pignon de la roue d'échappement.

3° Le troisième mobile ou celui de l'échappement est composé de son arbre et d'un pignon, ainsi que d'une roue à dents obliques qui sont en contact avec une pièce à palettes en forme d'ancre.

4° L'ancre de l'échappement se trouve fixée sur un axe, qui porte à son autre extrémité une pièce nommée fourchette, dont l'emploi est de communiquer le mouvement au pendule.

5° Le pendule est formé d'une verge et d'une lentille, dont le poids varie de 20 à 50 kilogrammes, selon la force du mouvement.

Ce pendule est suspendu à un support vissé sur la cage au moyen de deux ressorts, qui sont montés dans des platines en laiton et forment ce qu'on appelle la suspension.

6° Le moteur du mouvement se trouve garni d'un petit cadran divisé, sur lequel l'horloge indique les minutes au moyen d'une aiguille.

7° Ce corps de rouage porte en outre deux arbres qui dépassent l'un et l'autre la cage et se terminent en carrés propres à recevoir une clef de remontoir. Le premier de ces arbres sert à remonter le mouvement à droite du petit cadran; l'autre, qui, dans les horloges du petit calibre, est placé au centre même de ce cadran, est destiné à diriger les aiguilles des cadrans extérieurs.

Nous appelons le premier de ces arbres *arbre de remontage*, et le second, *arbre de réglage* ou *de renvoi*.

8° Au bas de la cage de ce moteur se trouve un petit bras de levier, qui, faisant partie du *mécanisme de continuité*, est destiné à empêcher l'horloge d'arrêter sa marche pendant qu'on la remonte.

En effet, pour introduire la clef de remontoir dans l'ouverture circulaire pratiquée dans la porte de l'armoire, on est obligé d'écarter la cache-entrée, — pièce à bouton qui recouvre l'ouverture, — mais en écartant cette cache-entrée, on soulève le petit poids tenant au mécanisme de continuité, et par là on remplace l'action du poids moteur.

9° C'est du moteur du mouvement que part la tringle qui communique avec la cadrature pour transmettre le mouvement aux aiguilles des cadrans extérieurs.

Cette tringle monte et sort par le couvercle de l'armoire, lorsque les cadrans sont placés à un étage plus élevé que celui où se trouve l'horloge; elle descend, au contraire, lorsque le plan des cadrans est inférieur.

Cette tringle servant de renvoi aux aiguilles, reçoit son mouvement par un engrenage de roues coniques, dites *roues d'angle*, dont l'une est fixée sur l'arbre de réglage et l'autre adaptée à la tringle.

10° Enfin, le moteur du mouvement a encore pour fonctions de dégager la sonnerie au moyen d'un levier qui communique avec un excentrique, fixé sur l'arbre du renvoi même.

Ce levier, dont l'axe et les pivots se trouvent dans la sonnerie, se nomme la *détente*.

*Des moteurs des sonneries.*

Malgré la symétrie qui existe entre les moteurs des sonneries d'une horloge, ces rouages diffèrent dans leur construction, selon qu'ils sont destinés aux quarts ou qu'ils servent aux heures ou à la répétition des heures.

Chaque corps de rouage de la sonnerie des heures, ainsi que de celle de la répétition de l'heure, se compose :

1° D'un premier mobile, qui est formé d'une grande roue, dont l'axe ou l'arbre porte un cylindre, composé d'un tambour en tôle, et de deux roues, l'une à rochets ou dents obliques, dans lesquelles dents tombent les cliquets qui sont fixés à la grande roue, et l'autre à dents droites, servant à engrener avec le pignon de remontoir.

Les sonneries des horloges d'un petit calibre sont remontées directement, sans l'intermédiaire d'un pignon.

La grande roue qui engrène dans le pignon du second mobile; porte sur son champ un certain nombre de rouleaux mobiles, qui servent à soulever les levées des marteaux.

2° D'un second mobile, composé de son arbre

portant un pignon, et d'une roue qui, à son tour, mène le *pignon du volant.*

3° D'un troisième mobile ou volant, formé d'un axe ou arbre avec pignon, et d'un bras d'arrêt portant deux taquets qui touchent à une tétine, fixée à la détente.

L'axe de ce troisième mobile qui se prolonge au dehors de la cage, porte à son extrémité le volant avec ses deux ailes et sa roue à rochet, ainsi que ses ressorts à cliquets.

4° La roue de compte se trouve également placée derrière la cage, fixée sur un tenon à tige; une goupille retient le canon de cette roue, de telle sorte que si l'on veut la déplacer, il suffit d'ôter d'abord cette goupille.

Cette roue, qu'on appelle *roue de compte*, parce qu'elle sert à déterminer le nombre des coups de la sonnerie, engrène avec un pignon fixé sur l'arbre du premier mobile, lorsque c'est une horloge du grand calibre.

Cette roue porte un bourrelet, dans lequel sont pratiquées les entailles qui correspondent au nombre des coups de chaque heure, laquelle heure peut se lire par les nombres placés à côté de chaque entaille.

C'est dans ces encoches que tombe la détente

portant la tétine destinée à arrêter le volant. A cet effet, cette pièce se sépare en fourche dans sa partie du milieu, et l'une de ses deux extrémités vient reposer sur le bourrelet de la roue de compte; tandis que pour les horloges du petit calibre la roue de compte est, au contraire, mise en mouvement par une petite pièce en forme de doigt, appliquée sur l'axe du second mobile.

Dans ces sortes d'horloges, les dents sont à rochet, et le cliquet qui agit dans ces dents, en déplace une à chaque coup de marteau.

5° Chaque rouage de sonnerie est encore composé d'une détente avec son axe, ses supports et ses leviers, et d'une *levée de marteau*, également formée d'un axe et de supports.

Quant aux sonneries des quarts qui n'ont pas de roue de compte, le nombre de coups se trouve déterminé à l'aide d'un *chaperon* fixé sur l'axe du premier mobile. C'est dans les entailles de ce chaperon qu'agit un tenon appliqué à la détente, chaque fois que l'horloge doit finir de sonner.

*Des pièces accessoires.*

L'action de la force motrice, la transmission des fonctions du mouvement aux aiguilles des cadrans extérieurs, ainsi que la communication entre les sonneries et les marteaux des cloches, nécessitent l'emploi de différentes pièces accessoires qui, à cause de leur destination, peuvent être classées en trois catégories, savoir :

### I. *Renvois des poids.*

La force motrice qui sert à faire marcher une horloge s'obtient au moyen de poids.

A cet effet, chaque moteur est mu par un poids particulier, qui communique son action à l'aide d'une corde, dont une extrémité est attachée au contour du cylindre de ce moteur. La corde qui s'enroule par des circonvolutions successives à l'entour du cylindre, agit tangentiellement sur le premier mobile pour le forcer à tourner en menant le reste du rouage.

A mesure que le moteur marche, le poids descend, mais il est rare que cette descente puisse être verticale au-dessous de l'horloge; car presque toutes les tours présentent dans leur intérieur des obstacles qui empêchent de disposer d'une chute suffisante. On se trouve le plus souvent dans la nécessité de moufler la corde et de la faire passer par plusieurs poulies fixes de renvoi pour changer sa direction.

Or, l'on n'ignore pas qu'en mouflant la corde à deux brins, le poids descendra moitié moins vite, et, par contre, la force motrice nécessitera un poids double, parce que dans ce cas le point fixe de la corde ne soutiendra que la moitié du poids, et qu'ainsi le rouage ne sera soumis qu'à l'effort de l'autre moitié.

De même, en mouflant la corde à trois brins, l'espace parcouru par le poids sera trois fois moindre et il faudra un poids trois fois plus considérable.

Dans nos horloges le poids du mouvement est toujours en fonte et a la forme d'un cylindre surmonté d'une tringle de fer assez longue pour recevoir plusieurs disques ou ajoutoirs, également en fonte et disposés de manière à pouvoir augmenter à volonté la pesanteur de ce poids, selon que l'on a besoin d'une force motrice plus grande.

Les poids des corps de rouages des sonneries sont le plus souvent formés de cylindres en tôle que l'on remplit de sable, en sorte qu'il est également facile de charger ces poids à volonté, s'ils ne sont pas assez lourds.

Les poulies employées à l'usage des poids et de leurs cordes, sont ou fixes ou mobiles. Les premières servent à diriger et les secondes à modifier la vitesse de la descente des poids moteurs. Les unes comme les autres, tant celles du mouvement que celles des sonneries, sont construites entièrement en métal; les rouets sur lesquels passent les cordes, sont fixés sur des axes en acier, dont les pivots roulent dans des bouchons en composition.

### II. *Transmission des aiguilles.*

Le mouvement du moteur principal de l'horloge est transmis aux aiguilles des cadrans extérieurs à l'aide de tringles en fer, qui sont garnies de liens et de nœuds universels, et sont mises en communication avec une cadrature et des renvois de roues d'angle.

Chaque fois que la transmission a pu se faire sans obstacle, les tringles ont reçu une direction plus ou moins verticale à l'aide de nœuds universels, dont l'emploi est de faciliter le jeu de ces transmissions et d'empêcher la gêne dans leurs mouvements. Mais comme, par leur exposition dans des tours, ces tringles de fer sont sujettes à se contracter par le froid et à se dilater par suite de la chaleur, on a prévenu ces dérangements par l'emploi de liens qui permettent à ces tringles de s'allonger ou de se raccourcir, sans nuire à leurs mouvements.

Par leur position à l'extérieur de la tour, les aiguilles se trouvent exposées à l'inclémence des saisons, et elles sont sujettes à subir les ébranlements causés par des coups de vent ou par des pluies battantes. Or, si l'on ne pouvait garantir la marche de l'horloge de ces petites secousses, la régularité du mouvement, ainsi que la durée du mécanisme, ne tarderaient pas à s'en ressentir. Donc, pour assurer à l'horloge toute son exactitude en la mettant à l'abri de tout choc ou ébranlement, on a établi une *cadrature* dont la propriété est telle, que les secousses auxquelles sont exposées les aiguilles, ne peuvent nullement réagir sur la marche de l'horloge, tandis que, de son côté, celle-ci peut communiquer avec la plus grande facilité son mouvement aux différentes aiguilles qui garnissent les cadrans.

Dans les clochers où les obstacles ont empêché de faire passer la transmission du mouvement aux aiguilles, dans une direction verticale à l'armoire, on a été obligé de changer cette direction, ce qui s'est fait par le moyen d'un ou de plusieurs *renvois* de roues d'angles ou roues coniques.

Ces renvois, ainsi que la cadrature, ont toujours été mis à l'abri de la poussière par des couvertures en tôle, établies de manière à pouvoir être enlevées et remises en place avec facilité.

Dans les horloges qui, outre les heures, indiquent aussi les minutes, la cadrature a été remplacée par autant de mécanismes particuliers qu'il y a de cadrans. Ces mécanismes, nommés *minuteries*, devant agir immédiatement sur les aiguilles, se trouvent toujours fixés derrière les cadrans.

### III. *Communication des marteaux.*

Les moteurs ou corps de rouage des sonneries communiquent leurs mouvements aux marteaux à l'aide de fils de fer, dont une extrémité est mise en rapport avec la levée du rouage par le moyen d'un tourniquet à vis, afin de pouvoir allonger ou raccourcir ce fil de la quantité nécessaire pour lui assurer toujours une tension convenable.

L'autre extrémité de ces fils est attachée immédiatement au bras du marteau.

Chaque marteau se trouve établi sur un axe dont les pivots en acier tournent dans de forts supports; et à l'effet d'amortir la réaction causée par le choc ou la chute, ce marteau a été garni d'un ressort propre à la remettre dans sa position normale.

Toutes les fois que la communication des fils de tirage n'a pu se faire directement, l'on s'est servi de bascules qui sont également fixées sur des axes dont les pivots tournent aussi dans des supports appliqués sur le plancher.

---

## CHAPITRE II.

### ENTRETIEN DES MOTEURS ET DES PIÈCES ACCESSOIRES DE L'HORLOGE.

On sait que toute machine, pour être en état de bien fonctionner, a besoin d'être pourvue d'une substance grasse aux endroits où il y a frottement; à plus forte raison, une horloge, dont la marche est continue, nécessite-t-elle d'être fournie en temps opportun d'une matière propre à en faciliter le mouvement.

De toutes les substances à graisser on donne la préférence à l'huile, pourvu qu'elle ait les propriétés suivantes :

1° De ne pas attaquer les métaux en les oxydant.

2° De ne pas s'épaissir et passer à l'état de cambouis.

3° Enfin de ne pas geler, ou du moins de conserver assez de limpidité pour ne pas arrêter le marche de l'horloge dans la saison des grands froids.

Pour procéder à l'huilage de l'horloge, il faut, au moyen d'une broche ou baguette coupée en pointe, ou enfin, d'une plume sans barbe, appliquer quelques gouttes d'huile sur les parties suivantes, savoir :

### I. *Dans le mouvement.*

1° Aux pivots qui forment les extrémités des arbres, en mettant l'huile dans les bouchons ou ouvertures en bronze qui sont enchâssées dans la cage.

2° Aux endroits où le cylindre tourne sur son axe ou arbre, ainsi qu'aux cliquets du cylindre.

3° Aux endroits de l'échappement où les palettes de l'ancre touchent les dents de cette roue, d'où l'huile se distribuera d'elle-même entre les diverses dents de la roue.

4° A la levée de dégagement, c'est-à-dire, à l'endroit où l'un des bras de la sonnerie communique avec le mouvement en touchant une pièce à courbe nommée *étoile de dégagement.*

5° A la crapaudine ou trou dans lequel se meut le pivot de la tringle verticale des aiguilles. A cet effet, il suffira de mettre de l'huile à la petite ouverture que l'on a pratiquée près du centre de la roue d'angle, qui est fixée à la tringle.

### II. *Dans les sonneries.*

Il faut mettre de l'huile :

1° A tous les pivots des arbres.

2° Aux deux extrémités de chaque cylindre, ainsi qu'aux cliquets.

3° Aux rouleaux de levée qui se trouvent appliqués derrière la grande roue de cylindre. — Il suffira de mettre l'huile aux deux extrémités des rouleaux, pour qu'elle puisse pénétrer dans l'intérieur; — mais il faudra avoir soin de ne pas répandre de l'huile sur la surface de ces rouleaux.

4° Aux axes des pignons du remontoir, ainsi qu'aux dents de chaque roue de remontoir. — Cependant, ces dents n'ont pas besoin d'être huilées si souvent; il suffit qu'elles le soient une fois par année.

5° Il faut se garder de mettre de l'huile sur les dents des autres roues, tant du mouvement que des sonneries. En effet, toutes ces roues étant construites en une composition de métal dite bronze, qui, nonobstant son excessive dureté, a encore la propriété de présenter une surface très-unie et très-lisse, l'huile qu'on appliquerait sur les dents de ces pièces serait très-nuisible.

Ce ne sont donc que les roues de remontoir qui sont en fer qu'il faudra pourvoir d'huile, ainsi que nous venons de le dire au § 4. — Encore ne faut-il faire cette opération que lorsque les dents de ces roues seront tout à sec.

6° Il faudra encore mettre de l'huile au tenon de la roue de compte, dans la sonnerie des heures et dans celle de la répétition.

7° Aux leviers de dégagement, mais seulement aux endroits où ces pièces touchent les bras ou arrêts des volants.

8° Finalement, il faudra mettre quelques gouttes d'huile aux petits rochets des volants, ainsi qu'à l'intérieur du canon.

### III. *Dans les pièces accessoires.*

Quant aux pièces accessoires qui servent aux renvois des poids, ainsi qu'aux transmissions des marteaux et des aiguilles, il faut, pour conserver à ces renvois et transmissions tout le jeu dont ils ont besoin, pourvoir d'huile :

1° Les poulies, en mettant quelques gouttes aux extrémités de leurs axes.

2° Les nœuds, en huilant leurs articulations.

3° Les liens, en graissant les fourches de ces pièces pour que leur jeu devienne plus libre.

4° Les renvois, en ne mettant toutefois de l'huile qu'aux pivots des arbres qui portent les roues d'angle.

5° La cadrature, en huilant à la fois les pivots des arbres et la vis sans fin.

Il sera toujours aisé d'atteindre ces pièces, vu qu'elles sont renfermées dans des boîtes qui se démontent facilement.

6° Les marteaux et les bascules, en mettant de l'huile aux extrémités des axes, et en général partout où il y a frottement.

#### REMARQUES.

Il faut toujours, autant que possible, enlever

le restant de l'ancienne huile avant de mettre de l'huile fraîche.

Quant aux époques où il faudrait renouveler les opérations de l'huilage, on ne peut guère les préciser, attendu que telle horloge n'exige d'être pourvue d'huile fraîche que deux fois par an, tandis que telle autre, exposée davantage aux variations atmosphériques, a besoin d'être graissée trois ou quatre fois l'an.

Pendant les temps humides et pluvieux, et surtout après un dégel, lorsque la température change subitement, il faut avoir soin d'essuyer, au moyen d'un linge propre et faiblement gras, l'humidité qui se produit sur les pièces polies; car, si l'on négligeait cette précaution, on exposerait ces pièces à se couvrir de rouille qu'il serait très-difficile d'enlever.

---

## CHAPITRE III.

### MANIÈRE DE REMONTER UNE HORLOGE.

Les portes de l'armoire ou cabinet contenant le mécanisme de l'horloge, pourront rester fermées pendant le temps que l'on remontera les moteurs ou corps de rouage.

A cet effet, il suffira de déplacer convenablement les cache-entrées à boutons en fer qui se trouvent appliquées à l'extérieur de l'armoire, en ayant soin d'écarter davantage celle de ces cache-entrées qui répond au moteur du mouvement, afin de faire engager le levier du mécanisme de continuité et d'empêcher ainsi le mouvement d'arrêter sa marche pendant tout le temps qu'on le remonte.

Les cache-entrées étant écartées comme nous venons de le dire, on introduira les clefs successivement sur chaque carré de remontoir, en tournant cette clef dans la direction convenable qui est le plus souvent indiquée sur la cache-entrée par une petite flèche.

Comme on a eu soin de marquer en noir sur chaque corde l'endroit où le poids atteint le point le plus élevé de sa course, il suffira, lorsqu'on arrivera vers la fin du remontage, de suivre de l'œil les mouvements de la corde de chaque moteur, et de s'arrêter lorsque la marque noire sera visible dans l'armoire, c'est-à-dire, lorsqu'elle sera arrivée près du cylindre.

Il importe ESSENTIELLEMENT que les sonneries ne soient jamais remontées lorsque l'horloge n'a plus que deux ou trois minutes à courir, soit avant l'heure, soit avant chaque quart d'heure, si l'horloge fait entendre aussi les quarts.

Dans ces cas, il faut toujours attendre que l'horloge ait fini de sonner; car, sans cette précaution, l'heure ou le quart passerait pendant le temps que l'on remonte, et la sonnerie pourrait se mettre en désaccord avec le mouvement.

Cependant, si par mégarde l'on avait remonté pendant que l'horloge a dû sonner et qu'il en fût résulté un désaccord, l'on remédierait immédiatement à cet inconvénient en soulevant la détente, afin qu'elle se dégage de l'arrêt de volant, pour reproduire le nombre de coups que la sonnerie aurait donnés dans le cas où elle n'eût pas été arrêtée.

---

## CHAPITRE IV.

### TEMPS MOYEN.

Les horloges devant conserver une marche uniforme, c'est le temps moyen qui doit leur servir de mesure. On pourrait bien, pour s'assurer de l'exactitude de la marche d'une horloge, comparer cette marche à celle d'un régulateur; mais quelque parfaite que puisse être la précision de cette dernière pièce, elle aurait elle-même besoin d'être comparée à une autre, pour être assuré que sa régularité ne laisse rien à désirer.

Or, le mouvement du soleil étant très-facile à observer, et l'intervalle qui se mesure avec le *jour solaire* étant celui que nous sommes à même d'apprécier le mieux, il est naturel de se servir de ce point de comparaison pour vérifier l'exactitude de la marche d'une horloge.

On appelle *jour solaire ou naturel* le temps compris entre deux midis vrais, c'est-à-dire le temps qui s'écoule entre deux passages consécutifs du soleil au même méridien.

Tout le monde connaît la division du temps en heures, minutes et secondes; mais ce que beaucoup de personnes ignorent, c'est que les *jours solaires*, ainsi formés de vingt-quatre heures, sont loin d'être égaux entre eux.

Cette inégalité dans les *jours solaires* provient surtout de deux causes principales, qui sont:

1° L'inégalité du mouvement du soleil dans son orbite.

2° L'obliquité de l'écliptique.

1. En disant que la première cause d'inégalité des *jours solaires* provient du mouvement du soleil dans son orbite, nous rapportons au soleil le mouvement de la terre autour de cet astre. Aussi n'est-ce que pour conformer notre langage aux apparences, c'est-à-dire aux différentes révolutions du soleil, telles que nous les apercevons dans les cieux, que nous supposons à cet astre le mouvement qui appartient à notre planète. Or, pour l'usage que nous allons en faire dans notre explication, on peut prendre indifféremment l'un de ces mouvements pour l'autre.

L'orbite ou la ligne courbe que décrit la terre dans sa course annuelle autour du soleil n'est pas circulaire; elle a la forme d'une ellipse dont le soleil occupe un des foyers. Il suit de là que les distances de la terre au soleil ne sont pas égales, et que se trouvant à des éloignements différents, la vitesse de parcours de notre globe doit varier en raison de la force d'attraction exercée sur lui par le soleil, force d'attraction subordonnée elle-même au plus ou moins de rapprochement des diverses positions de la terre par rapport au soleil. Donc notre planète aura son maximum de vitesse dans la partie la plus rapprochée du soleil, ou *à son périhélie*, tandis qu'elle aura la moindre vitesse possible lorsqu'elle se trouvera à la distance la plus éloignée du soleil, ou *à son aphélie.*

Or, de ce que nous transportons au soleil le mouvement de la terre, il s'ensuit qu'il nous paraît se mouvoir exactement avec les vitesses variables de notre globe, de sorte qu'à certaines époques de l'année, le soleil semble décrire en un jour un arc plus grand qu'à d'autres époques.

2. Mais cette cause d'inégalité de la course du soleil n'est pas la seule, car en supposant même le mouvement apparent de cet astre sur l'écliptique parfaitement uniforme, ce mouvement ne serait pas égal par rapport au méridien, et les jours solaires, dont la durée est précisément l'intervalle de deux passages consécutifs du soleil au méridien, ne seraient point égaux.

En effet, si l'on partage en deux parties égales l'écliptique, dont le plan est incliné sur celui de l'équateur de 23° 28′ environ, et si par tous ces points de division l'on fait passer des méridiens, ces méridiens, tout en partageant l'écliptique en parties égales, formeront, à cause de son inclinaison, des divisions inégales sur l'équateur.

Or, c'est sur l'équateur que l'on compte les

heures. A cet effet, on suppose ce cercle divisé en 360 degrés, lesquels étant parcourus en vingt-quatre heures, il s'ensuit que pendant une heure le soleil doit franchir 15 de ces degrés.

Donc, quelque régulier que soit le mouvement du soleil sur l'écliptique, son mouvement par rapport à l'équateur, et conséquemment par rapport au méridien, pris pour terme de comparaison, serait toujours inégal.

Ainsi que nous venons de le voir, les jours solaires étant d'inégale durée, ne peuvent donc pas être pris directement pour mesure commune à l'effet de s'assurer de l'exactitude des horloges. — C'est ici le cas d'apprécier la vérité des assertions de certaines personnes qui prétendent que l'horloge de leur commune est excellente, parce qu'elle va quelquefois comme le soleil.

Attendu que les jours produits par cette marche irrégulière du soleil ne peuvent directement servir de mesure pour régler les horloges, on est convenu de prendre pour cette mesure le *jour moyen*, c'est-à-dire un jour uniforme dont la longueur est toujours la même. Ces *jours moyens* tiennent ainsi le milieu entre les variations en avance et les variations en retard auxquelles est assujetti le temps vrai indiqué directement par le soleil. — De pareils jours s'obtiendraient en concevant un soleil moyen et uniforme, tournant dans l'équateur au lieu de tourner dans l'écliptique, et achevant sa révolution sur ce premier cercle exactement dans le même espace de temps que le soleil réel en met pour achever la sienne sur l'écliptique. De cette manière, et en supposant que le soleil moyen et le soleil réel partent en même temps, le 1$^{er}$ janvier, on dirait qu'il est *midi moyen* toutes les fois que le soleil moyen passerait par le méridien, et *midi vrai* au moment du passage du soleil réel au même méridien, et si en cet instant le soleil réel se trouvait en avance ou en retard sur le soleil moyen, en sorte qu'il soit plus ou moins que midi vrai, il en résulterait une certaine différence entre ces deux midis. — C'est cette différence qu'on est convenu d'appeler l'*équation du temps*.

Ces différences, qui ont été calculées par les astronomes pour tous les jours de l'année et à l'avance, se trouvent dans la *Connaissance des temps*, ainsi que dans l'*Annuaire du bureau des longitudes*[1], et déjà dans quelques bons almanachs.

[1] Il serait à désirer que cet *Annuaire*, dont le prix n'est que de 1 fr., fût beaucoup plus répandu.

Ce n'est que quatre fois l'année que l'équation du temps est nulle, ou que le midi moyen coïncide parfaitement avec le midi vrai ou solaire.

Ces quatre époques ont lieu :

La première vers le 15 avril,

La seconde vers le 15 juin,

La troisième vers le 31 août,

Et la quatrième vers le 23 décembre.

Pour tous les autres jours de l'année, le temps vrai et le temps moyen diffèrent plus ou moins entre eux.

La plus grande différence en retard du soleil sur le temps moyen arrive vers le 10 février; elle est de plus de 14 minutes; tandis que la plus forte avance, qui est de passé 16 minutes, a lieu vers le 3 novembre.

Malgré ces variations en plus ou en moins d'un jour à l'autre, l'année solaire compte toujours le même nombre de jours, soit 365 pour une année commune et 366 pour une année bissextile. C'est en raison de cette différence que les tables d'équation du temps diffèrent d'une année bissextile à une année ordinaire.

En effet, on sait que l'année solaire à 365 jours, 5 heures, 49 minutes ou à peu près un quart de jour. Or, pour absorber cette fraction du jour, on est convenu de faire bissextile un an sur quatre, c'est-à-dire de faire chaque quatrième année de 366 jours.

Ce quart de jour apporte de légères différences dans la quantité de secondes de l'équation du temps pour chaque jour, mais au bout de quatre ans, la coïncidence se rétablit assez bien.

Les années communes présentent aussi quelques différences entre elles; cependant ces différences ne sont sensibles que dans les secondes. Aussi dans nos tables nous bornons-nous à indiquer l'équation du temps exprimée en minutes seulement; il s'ensuit que les trois années communes qui se suivent peuvent être renfermées dans une seule et même table.

C'est ainsi que la table I comprend les trois années ordinaires qui se trouvent entre deux bissextiles, soit les années consécutives 1845, 1846, 1847.

Tandis que la table II comprend les années bissextiles 1848, 1852, 1856, 1860, etc., années que l'on distinguera facilement des années ordinaires en ce que le nombre qui les exprime est toujours un multiple de 4.

Il est bon de faire remarquer que ces deux tables ne pourront être considérées comme exactes que pendant une vingtaine d'années. — Passé cette période, il faudrait y *faire quelques corrections pour pouvoir être consultées* sans crainte d'erreur. Mais il est à espérer qu'à cette époque l'instruction sera assez avancée pour que tout le monde ait une notion du temps moyen et sache faire usage de l'équation du temps. Nul doute qu'alors toutes les horloges publiques ne soient réglées sur le temps moyen; car déjà l'administration des postes et celles des chemins de fer ont adopté exclusivement ce mode de régler leurs horloges, et il est à présumer qu'il ne se publiera plus de calendrier ou d'almanach qui, au lieu de pronostiquer le beau temps ou la pluie, ne se mette en devoir d'indiquer pour chaque jour l'heure que doit marquer une horloge à midi.

Nous venons de voir que pour s'assurer de la régularité de la marche des horloges, il faut se servir du temps moyen. Mais comme l'on ne peut arriver à la connaissance de ce temps que par celle du temps vrai ou solaire, il est indispensable de pouvoir directement trouver ce dernier temps. — L'on se sert à cet effet des méridiennes ou cadrans solaires dont nous faisons connaître la construction dans le chapitre suivant.

## CHAPITRE V.

### DES MÉRIDIENNES, DES LATITUDES ET DES LONGITUDES.

La majeure partie des horloges dont nous avons nous-même soigné la pose, ont été pourvues d'une méridienne, à l'effet d'avoir un contrôle ou moyen de s'assurer de l'exactitude de la marche de ces horloges.

Ces méridiennes que nous avons établies dans les communes où il n'y avait pas de bon cadran solaire, consistent en une simple ligne noire, tracée le plus souvent contre le mur de l'église faisant face vers le midi.

Un style formé d'un gnomon se trouve fixé solidement dans le mur au haut de cette ligne noire. C'est à travers la petite ouverture ronde pratiquée dans ce gnomon que passe le faisceau lumineux des rayons solaires, pour se projeter sur la ligne noire à l'heure du midi vrai.

Quoiqu'une pareille méridienne paraisse bien simple, son exécution parfaite exige plus de soins qu'on ne le croit, et souvent elle arrête longtemps, surtout si le temps choisi pour l'établir n'est pas bien favorable. Car, comme on le pense bien, on ne peut pas construire cette méridienne sans qu'il y ait du soleil, et encore faut-il que cet astre ne soit pas voilé par le moindre nuage pendant tout le temps que dure la construction.

La position du style exige la connaissance soit d'une hauteur absolue du soleil, soit de deux hauteurs correspondantes, lesquelles doivent nécessairement être déterminées au moment où l'on veut construire la méridienne, et pour le lieu où elle doit être établie. Or, la recherche de ces hauteurs du soleil nécessite la connaissance de la latitude de ce lieu, c'est-à-dire sa distance de l'équateur de la terre, ou, ce qui revient au même, l'arc du méridien terrestre compris entre l'équateur et ce lieu. Ainsi la latitude de Strasbourg est l'arc du méridien contenu entre cette ville et l'équateur. Cet arc est de 48° 34′ 57″ pour la flèche de la cathédrale.

La détermination exacte du style nécessiterait à la fois l'emploi de calculs et d'instruments de précision dont le maniement ne serait guère facile.

Pour lever ces difficultés, mon père a imaginé et exécuté un instrument qu'il a nommé *équatorial*, à l'aide duquel on obtient immédiatement le temps vrai au moment d'une observation, sans le secours d'aucun calcul ni d'aucune disposition préliminaire, comme aussi sans l'emploi d'aiguille aimantée ni de lunette. Cet équatorial, qui ne nécessite que la connaissance de la latitude du lieu, est disposé de manière à être ramené facilement dans le méridien de ce même lieu, et à indiquer, si toutefois le soleil donne, l'instant précis du point qui doit déterminer la direction de la ligne d'aplomb, qui sera la ligne du méridien.

Comme la connaissance des latitudes est indispensable pour la construction des méridiennes, nous avons déterminé ces mesures géographiques pour toutes les communes du Haut et du Bas-Rhin; nous avons en même temps cherché les longitudes de ces mêmes communes, c'est-à-dire les distances de ces lieux du méridien de Paris. Mais pour pouvoir faire servir ces longitudes à la marche des horloges, nous les avons converties en temps, en les rapportant au temps de Strasbourg pour les communes du Bas-Rhin et au temps de Colmar pour celles du Haut-Rhin.

Ces diverses indications pourront être employées pour déterminer la différence de temps qui doit exister entre l'horloge d'une commune du Bas-Rhin et celle de Strasbourg, dans l'hypothèse toutefois que les horloges de ces deux lieux aient une marche régulière.

Or, comme la grande horloge qui se trouve actuellement sur la plate-forme de la cathédrale de Strasbourg n'est rien moins qu'une pièce propre à mesurer le temps avec exactitude et précision, cette horloge ne pourra nullement servir de type.

Mais il est à espérer que dans un avenir peu éloigné, cette machine sera remplacée par une horloge d'une construction tellement parfaite qu'elle pourra servir de régulateur, non-seulement à la ville, mais encore à toute la province.

On pourra alors, quel que soit l'état du temps, c'est-à-dire quand bien même le soleil ne permettrait pas de faire les observations nécessaires sur la méridienne, prendre, à l'aide d'une bonne montre, l'heure exacte de l'horloge de Strasbourg et déterminer ainsi l'heure précise que doit indiquer l'horloge de telle ou telle localité.

Ce moyen deviendra d'autant plus commode que les horloges du chemin de fer se trouvent réglées à 27 minutes en retard de l'horloge de Strasbourg. On saura donc qu'on est bien réglé, si l'on avance de 27 minutes sur l'heure du chemin de fer.

La connaissance des longitudes peut servir à comparer le temps de l'horloge d'une localité à celui de l'horloge d'une autre localité. — C'est ainsi qu'on trouve que l'horloge de Saverne doit retarder de 1 minute 32 secondes sur celle de Strasbourg.

Et que l'heure de Wasselonne ne doit retarder que de 1 minute 12 secondes.

En conséquence, l'horloge de Saverne devra différer en retard sur celle de Wasselonne seulement de 0 minutes 20 secondes.

En comparant les horloges de Saint-Louis et de Mulhouse, on trouvera de même que cette dernière retarde de 0 minutes 43 secondes sur celle de Saint-Louis.

---

## CHAPITRE VI.

### USAGE DES TABLES D'ÉQUATIONS.

Ainsi que nous l'avons indiqué, l'équation du temps sera nulle quatre fois l'année, c'est-à-dire que le temps inégal du soleil ou le temps vrai, qu'on appelle aussi *temps apparent*, coïncidera quatre fois l'année avec le temps uniforme ou temps moyen. Donc, à ces époques il sera facile de s'assurer si l'horloge dont on veut connaître la marche se trouve réglée au midi moyen du lieu.

Pour faire la même expérience à toute autre époque, il faut connaître l'équation du temps.

C'est ainsi que, si l'on voulait savoir, le 14 juillet 1845, qui est une année commune, l'heure que doit indiquer l'horloge lorsqu'il sera midi au soleil, on n'aurait qu'à chercher dans la table I, qui est la première des années communes, la colonne du mois de juillet; en descendant dans cette colonne jusqu'au 14, l'on trouvera vis-à-vis de ce nombre 12 heures, 5 minutes, ce qui veut dire qu'une bonne horloge doit marquer 12 heures 5 minutes au moment où la méridienne indique midi.

On trouvera de même 12 heures 6 minutes pour le 25 juillet suivant, ce qui signifie qu'au moment où le soleil marquera midi sur la méridienne, l'horloge devra indiquer 12 heures 6 minutes.

Si enfin l'on désirait s'assurer de l'exactitude de la marche d'une horloge le 20 octobre 1846, l'on trouverait toujours dans la table I que l'horloge ne doit indiquer que 11 heures 45 minutes, quand il sera midi au soleil.

De même, si l'on voulait connaître l'état de régularité de l'horloge le 10 avril 1848, qui est une année bissextile, il faudrait se servir de la table II, qui fera voir que l'horloge doit indiquer 12 heures 1 minute au moment du midi vrai.

On fera bien d'observer la marche de l'horloge à des intervalles de quelques jours; car, si dans notre premier exemple, après avoir constaté que le 14 juillet l'horloge marquait 12 heures 5 minutes, et que le 25 juillet suivant l'on trouve 12 heures 8 minutes, au lieu de 12 heures 6 minutes, ce serait une preuve que l'horloge est en avance de 2 minutes; donc, du 14 au 25, c'est-à-dire en 11 jours, elle aurait avancé de 2 minutes ou de 120 secondes et par conséquent d'environ $\frac{120}{11} = 10$ secondes par jour.

Comme la plupart des personnes auxquelles est confié le soin de nos horloges n'ont pas à leur disposition des montres à secondes, elles ne pourraient également pas constater l'exactitude de leurs observations à cette petite fraction de temps près. C'est pourquoi nous nous en sommes tenu aux minutes dans l'établissement de nos tables, qui donnent une précision plus que suffisante pour régler une horloge quelconque.

## I. TABLE DES ÉQUATIONS DU TEMPS A MIDI VRAI, A L'USAGE DES ANNÉES ORDINAIRES.

| DATES. | JANVIER. | FÉVRIER. | MARS. | AVRIL. | MAI. | JUIN. |
|---|---|---|---|---|---|---|
| | h. m. | h. m. | h. m. | h. m. | h. m. | h. m. |
| 1 | 12 4 | 12 14 | 12 13 | 12 4 | 11 57 | 11 57 |
| 2 | 12 4 | 12 14 | 12 12 | 12 4 | 11 57 | 11 58 |
| 3 | 12 5 | 12 14 | 12 12 | 12 3 | 11 57 | 11 58 |
| 4 | 12 5 | 12 14 | 12 12 | 12 3 | 11 57 | 11 58 |
| 5 | 12 6 | 12 14 | 12 12 | 12 3 | 11 57 | 11 58 |
| 6 | 12 6 | 12 14 | 12 12 | 12 3 | 11 56 | 11 58 |
| 7 | 12 7 | 12 14 | 12 11 | 12 2 | 11 56 | 11 58 |
| 8 | 12 7 | 12 15 | 12 11 | 12 2 | 11 56 | 11 59 |
| 9 | 12 7 | 12 15 | 12 11 | 12 2 | 11 56 | 11 59 |
| 10 | 12 8 | 12 15 | 12 11 | 12 1 | 11 56 | 11 59 |
| 11 | 12 8 | 12 15 | 12 10 | 12 1 | 11 56 | 11 59 |
| 12 | 12 9 | 12 15 | 12 10 | 12 1 | 11 56 | 11 59 |
| 13 | 12 9 | 12 15 | 12 10 | 12 1 | 11 56 | 12 0 |
| 14 | 12 9 | 12 15 | 12 9 | 12 0 | 11 56 | 12 0 |
| 15 | 12 10 | 12 14 | 12 9 | 12 0 | 11 56 | 12 0 |
| 16 | 12 10 | 12 14 | 12 9 | 12 0 | 11 56 | 12 0 |
| 17 | 12 10 | 12 14 | 12 9 | 12 0 | 11 56 | 12 0 |
| 18 | 12 11 | 12 14 | 12 8 | 11 59 | 11 56 | 12 1 |
| 19 | 12 11 | 12 14 | 12 8 | 11 59 | 11 56 | 11 1 |
| 20 | 12 11 | 12 14 | 12 8 | 11 59 | 11 56 | 12 1 |
| 21 | 12 12 | 12 14 | 12 7 | 11 59 | 11 56 | 12 1 |
| 22 | 12 12 | 12 14 | 12 7 | 11 58 | 11 56 | 12 2 |
| 23 | 12 12 | 12 14 | 12 7 | 11 58 | 11 56 | 12 2 |
| 24 | 12 12 | 12 14 | 12 7 | 11 58 | 11 56 | 12 2 |
| 25 | 12 13 | 12 13 | 12 6 | 11 58 | 11 57 | 12 2 |
| 26 | 12 13 | 12 13 | 12 6 | 11 58 | 11 57 | 12 2 |
| 27 | 12 13 | 12 13 | 12 6 | 11 58 | 11 57 | 12 3 |
| 28 | 12 13 | 12 13 | 12 5 | 11 57 | 11 57 | 12 3 |
| 29 | 12 13 | | 12 5 | 11 57 | 11 57 | 12 3 |
| 30 | 12 14 | | 12 5 | 11 57 | 11 57 | 12 3 |
| 31 | 12 14 | | 12 4 | | 11 57 | |

| DATES. | JUILLET. | AOUT. | SEPTEMBRE. | OCTOBRE. | NOVEMBRE. | DÉCEMBRE. |
|---|---|---|---|---|---|---|
| | h. m. | h. m. | h. m. | h. m. | h. m. | h. m. |
| 1 | 12 3 | 12 6 | 12 0 | 11 50 | 11 44 | 11 49 |
| 2 | 12 4 | 12 6 | 12 0 | 11 49 | 11 44 | 11 50 |
| 3 | 12 4 | 12 6 | 11 59 | 11 49 | 11 44 | 11 50 |
| 4 | 12 4 | 12 6 | 11 59 | 11 49 | 11 44 | 11 50 |
| 5 | 12 4 | 12 6 | 11 59 | 11 48 | 11 44 | 11 51 |
| 6 | 12 4 | 12 6 | 11 58 | 11 48 | 11 44 | 11 51 |
| 7 | 12 4 | 12 5 | 11 58 | 11 48 | 11 44 | 11 52 |
| 8 | 12 5 | 12 5 | 11 58 | 11 48 | 11 44 | 11 52 |
| 9 | 12 5 | 12 5 | 11 57 | 11 47 | 11 44 | 11 53 |
| 10 | 12 5 | 12 5 | 11 57 | 11 47 | 11 44 | 11 53 |
| 11 | 12 5 | 12 5 | 11 57 | 11 47 | 11 44 | 11 53 |
| 12 | 12 5 | 12 5 | 11 56 | 11 47 | 11 44 | 11 54 |
| 13 | 12 5 | 12 5 | 11 56 | 11 46 | 11 44 | 11 54 |
| 14 | 12 5 | 12 4 | 11 56 | 11 46 | 11 45 | 11 55 |
| 15 | 12 6 | 12 4 | 11 55 | 11 46 | 11 45 | 11 55 |
| 16 | 12 6 | 12 4 | 11 55 | 11 46 | 11 45 | 11 56 |
| 17 | 12 6 | 12 4 | 11 54 | 11 45 | 11 45 | 11 56 |
| 18 | 12 6 | 12 4 | 11 54 | 11 45 | 11 45 | 11 57 |
| 19 | 12 6 | 12 3 | 11 54 | 11 45 | 11 46 | 11 57 |
| 20 | 12 6 | 12 3 | 11 53 | 11 45 | 11 46 | 11 58 |
| 21 | 12 6 | 12 3 | 11 53 | 11 45 | 11 46 | 11 58 |
| 22 | 12 6 | 12 3 | 11 53 | 11 45 | 11 46 | 11 59 |
| 23 | 12 6 | 12 2 | 11 52 | 11 44 | 11 47 | 11 59 |
| 24 | 12 6 | 12 2 | 11 52 | 11 44 | 11 47 | 12 0 |
| 25 | 12 6 | 12 2 | 11 52 | 11 44 | 11 47 | 12 0 |
| 26 | 12 6 | 12 2 | 11 51 | 11 44 | 11 47 | 12 1 |
| 27 | 12 6 | 12 1 | 11 51 | 11 44 | 11 48 | 12 1 |
| 28 | 12 6 | 12 1 | 11 51 | 11 44 | 11 48 | 12 2 |
| 29 | 12 6 | 12 1 | 11 50 | 11 44 | 11 48 | 12 2 |
| 30 | 12 6 | 12 1 | 11 50 | 11 44 | 11 49 | 12 3 |
| 31 | 12 6 | 12 0 | | 11 44 | | 12 3 |

## II. TABLE DES ÉQUATIONS DU TEMPS A MIDI, A L'USAGE DES ANNÉES BISSEXTILES.

| DATES. | JANVIER. | FÉVRIER. | MARS. | AVRIL. | MAI. | JUIN. | DATES. | JUILLET. | AOUT. | SEPTEMBRE. | OCTOBRE. | NOVEMBRE. | DÉCEMBRE. |
|---|---|---|---|---|---|---|---|---|---|---|---|---|---|
| | h. m. | h. m. | h. m. | h. m. | h. m. | h. m. | | h. m. | h. m. | h. m. | h. m. | h. m. | h. m. |
| 1 | 12 4 | 12 14 | 12 13 | 12 4 | 11 57 | 11 58 | 1 | 12 4 | 12 6 | 12 0 | 11 50 | 11 44 | 11 49 |
| 2 | 12 4 | 12 14 | 12 12 | 12 4 | 11 57 | 11 58 | 2 | 12 4 | 12 6 | 11 59 | 11 49 | 11 44 | 11 50 |
| 3 | 12 5 | 12 14 | 12 12 | 12 3 | 11 57 | 11 58 | 3 | 12 4 | 12 6 | 11 59 | 11 49 | 11 44 | 11 50 |
| 4 | 12 5 | 12 14 | 12 12 | 12 3 | 11 57 | 11 58 | 4 | 12 4 | 12 6 | 11 59 | 11 49 | 11 44 | 11 51 |
| 5 | 12 5 | 12 14 | 12 12 | 12 3 | 11 57 | 11 58 | 5 | 12 4 | 12 6 | 11 58 | 11 48 | 11 44 | 11 51 |
| 6 | 12 6 | 12 14 | 12 11 | 12 2 | 11 56 | 11 58 | 6 | 12 4 | 12 6 | 11 58 | 11 48 | 11 44 | 11 51 |
| 7 | 12 6 | 12 14 | 12 11 | 12 2 | 11 56 | 11 59 | 7 | 12 5 | 12 5 | 11 58 | 11 48 | 11 44 | 11 52 |
| 8 | 12 7 | 12 14 | 12 11 | 12 2 | 11 56 | 11 59 | 8 | 12 5 | 12 5 | 11 57 | 11 48 | 11 44 | 11 52 |
| 9 | 12 7 | 12 15 | 12 11 | 12 2 | 11 56 | 11 59 | 9 | 12 5 | 12 5 | 11 57 | 11 47 | 11 44 | 11 53 |
| 10 | 12 8 | 12 15 | 12 10 | 12 1 | 11 56 | 11 59 | 10 | 12 5 | 12 5 | 11 57 | 11 47 | 11 44 | 11 53 |
| 11 | 12 8 | 12 15 | 12 10 | 12 1 | 11 56 | 11 59 | 11 | 12 5 | 12 5 | 11 56 | 11 47 | 11 44 | 11 54 |
| 12 | 12 8 | 12 15 | 12 10 | 12 1 | 11 56 | 12 0 | 12 | 12 5 | 12 5 | 11 56 | 11 46 | 11 44 | 11 54 |
| 13 | 12 9 | 12 15 | 12 10 | 12 0 | 11 56 | 12 0 | 13 | 12 5 | 12 5 | 11 56 | 11 46 | 11 45 | 11 55 |
| 14 | 12 9 | 12 15 | 12 9 | 12 0 | 11 56 | 12 0 | 14 | 12 6 | 12 4 | 11 55 | 11 46 | 11 45 | 11 55 |
| 15 | 12 10 | 12 14 | 12 9 | 12 0 | 11 56 | 12 0 | 15 | 12 6 | 12 4 | 11 55 | 11 46 | 11 45 | 11 56 |
| 16 | 12 10 | 12 14 | 12 9 | 12 0 | 11 56 | 12 0 | 16 | 12 6 | 12 4 | 11 55 | 11 46 | 11 45 | 11 56 |
| 17 | 12 10 | 12 14 | 12 8 | 11 59 | 11 56 | 12 1 | 17 | 12 6 | 12 4 | 11 54 | 11 45 | 11 45 | 11 57 |
| 18 | 12 11 | 12 14 | 12 8 | 11 59 | 11 56 | 12 1 | 18 | 12 6 | 12 4 | 11 54 | 11 45 | 11 45 | 11 57 |
| 19 | 12 11 | 12 14 | 12 8 | 11 59 | 11 56 | 12 1 | 19 | 12 6 | 12 3 | 11 54 | 11 45 | 11 46 | 11 58 |
| 20 | 12 11 | 12 14 | 12 8 | 11 59 | 11 56 | 12 1 | 20 | 12 6 | 12 3 | 11 53 | 11 45 | 11 46 | 11 58 |
| 21 | 12 11 | 12 14 | 12 7 | 11 59 | 11 56 | 12 1 | 21 | 12 6 | 12 3 | 11 53 | 11 45 | 11 46 | 11 59 |
| 22 | 12 12 | 12 14 | 12 7 | 11 58 | 11 56 | 12 2 | 22 | 12 6 | 12 3 | 11 53 | 11 45 | 11 46 | 11 59 |
| 23 | 12 12 | 12 14 | 12 7 | 11 58 | 11 56 | 12 2 | 23 | 12 6 | 12 2 | 11 52 | 11 44 | 11 47 | 12 0 |
| 24 | 12 12 | 12 14 | 12 6 | 11 58 | 11 57 | 12 2 | 24 | 12 6 | 12 2 | 11 52 | 11 44 | 11 47 | 12 0 |
| 25 | 12 13 | 12 13 | 12 6 | 11 58 | 11 57 | 12 2 | 25 | 12 6 | 12 2 | 11 52 | 11 44 | 11 47 | 12 1 |
| 26 | 12 13 | 12 13 | 12 6 | 11 58 | 11 57 | 12 3 | 26 | 12 6 | 12 2 | 11 51 | 11 44 | 11 48 | 12 1 |
| 27 | 12 13 | 12 13 | 12 5 | 11 58 | 11 57 | 12 3 | 27 | 12 6 | 12 1 | 11 51 | 11 44 | 11 48 | 12 2 |
| 28 | 12 13 | 12 13 | 12 5 | 11 57 | 11 57 | 12 3 | 28 | 12 6 | 12 1 | 11 50 | 11 44 | 11 48 | 12 2 |
| 29 | 12 13 | 12 13 | 12 5 | 11 57 | 11 57 | 12 3 | 29 | 12 6 | 12 1 | 11 50 | 11 44 | 11 49 | 12 3 |
| 30 | 12 14 | | 12 4 | 11 57 | 11 57 | 12 3 | 30 | 12 6 | 12 0 | 11 50 | 11 44 | 11 49 | 12 3 |
| 31 | 12 14 | | 12 4 | | 11 57 | | 31 | 12 6 | 12 0 | | 11 44 | | 12 3 |

## CHAPITRE VII.

### MANIÈRE DE RÉGLER UNE HORLOGE ET D'EN CONDUIRE LA MARCHE.

On sait que la durée des vibrations ou mouvements d'un pendule dépend de sa longueur, à savoir que plus cette pièce est longue plus ses vibrations sont lentes, et plus, au contraire, elle est courte, plus ses oscillations sont promptes.

Il suit de ce principe que l'on peut faire retarder le mouvement d'une horloge en allongeant son pendule, tandis qu'on peut le faire avancer si l'on raccourcit le même pendule, ce qui se fait en déplaçant la lentille, de manière que cette pièce, qui est d'un certain poids, soit fixée à une distance plus ou moins éloignée du centre de suspension.

C'est de ce moyen que l'on se sert chaque fois que l'on veut régler exactement une horloge.

Car, quoique chaque horloge ait fonctionné pendant un certain temps dans les ateliers de Strasbourg, et n'ait été démontée qu'après que la marche en a été reconnue exacte et parfaite, il faut néanmoins la régler de nouveau après qu'elle a été expédiée et mise en place au lieu de sa destination. Cependant cette opération ne doit être considérée que comme le supplément de la pose; car, au bout de deux à trois mois, l'horloge étant une fois bien réglée par le pendule, on n'aura plus à toucher à cette pièce dans les écarts que la marche de l'horloge pourrait avoir par suite des variations atmosphériques.

Voici donc comment il faut procéder pour régler définitivement la marche du mouvement de l'horloge dans les premiers temps de sa pose :

1° Si la marche du mouvement avait une tendance à avancer, il faudrait allonger le pendule, ce qui se fait en tournant sur la gauche l'écrou placé au bas de la lentille.

2° Au contraire, si l'horloge penchait au retard, il faudrait raccourcir le pendule au moyen du même écrou en le tournant dans le sens inverse.

Il est à remarquer que l'une ou l'autre de ces opérations devra se faire le plus délicatement possible, pour ne pas briser les ressorts de suspension du pendule. Or, on peut éviter de les gauchir en tenant d'une main la lentille, tandis que de l'autre on tourne l'écrou, de manière que le pendule ne soit pas d'un coup mis en mouvement et n'éprouve par conséquent pas de fausse secousse.

L'horloge étant ainsi réglée, sa marche ne pourra plus se déranger que par suite de variation subite de la température, ou par le manque de soins dans l'entretien de l'horloge.

En effet, comme les horloges sont le plus souvent placées dans des tours ouvertes de tous côtés à l'intempérie de l'air, pour peu que l'huile qu'on emploie à l'entretien de ces machines ne soit pas de bonne qualité, elle s'épaissit facilement à l'approche du froid et finit par se geler complétement en hiver. Cette huile devenant ainsi résistante, absorbe une partie de la force motrice et diminue, par conséquent, l'action du poids, tandis que l'effet contraire peut avoir lieu en été où les chaleurs donnent plus de fluidité à l'huile.

Il importe donc de prévenir les écarts ou dérangements qui pourraient survenir dans la marche de l'horloge, par suite d'un passage brusque de température à une autre température plus ou moins élevée.

C'est ainsi qu'en automne, à l'approche des froids, lorsqu'il serait à craindre que le mouvement de l'horloge ne vînt à s'arrêter par suite de la congélation de l'huile, ce qui se trahirait par les oscillations du pendule, celles-ci devenant trop faibles, il faudrait, pour vaincre cette résistance et conserver à l'horloge un mouvement égal, ajouter au poids un ou deux des disques en fonte qui se trouvent à cet effet disposés dans l'armoire.

Comme le contraire peut avoir lieu au printemps, lors d'un passage subit du froid au chaud, il se pourrait que les oscillations du pendule devenant très-fortes et très-précipitées, les palettes de l'ancre viennent à toucher au fond des dents de la roue d'échappement. Dans ce cas, il faudrait diminuer le poids du mouvement en enlevant un ou plusieurs disques, jusqu'à ce que les vibrations du pendule aient repris leur marche accoutumée.

Si, pour avoir négligé de prendre ces précautions, l'horloge accusait une avance sensible, il suffirait, pour la remettre à l'heure, d'ouvrir le cabinet et d'arrêter le pendule autant de temps qu'il faut pour que l'aiguille des minutes indique sur le petit cadran en cuivre l'heure qu'on veut faire marquer à l'horloge.

Par contre, si le mouvement de l'horloge était en retard, il suffirait, pour le remettre à l'heure, de tourner, au moyen de la clef de remontoir, la petite aiguille des minutes d'autant de tours ou parties de tour qu'il faut pour la ramener à la division qu'elle aurait dû indiquer sans la perturbation survenue.

---

## CHAPITRE VIII.

### MANIÈRE DE REMETTRE UNE HORLOGE A L'HEURE.

Comme il se peut qu'une horloge se soit arrêtée faute d'avoir été remontée à temps, il faut, pour la faire marcher de nouveau, la remettre à l'heure après l'avoir remontée.

Or, comme chaque tour que l'on fait faire à la petite aiguille placée sur le cadran en cuivre du moteur du mouvement détermine la révolution d'une heure, et fait, par conséquent, marcher les aiguilles des cadrans extérieurs d'un chiffre au chiffre suivant, c'est-à-dire que les aiguilles se trouvent aussi déplacées d'une heure, il faudrait, après s'être bien exactement assuré du moment où l'horloge s'est écoulée, faire faire à la petite aiguille des minutes autant de tours entiers qu'il y a eu d'heures depuis l'instant où les aiguilles extérieures ont cessé de marcher.

En supposant, par exemple, que l'horloge se soit arrêtée à 3 heures 10 minutes du matin et qu'on veuille la remettre en mouvement dans la même matinée à 8 heures précises, il faudrait d'abord commencer par faire avancer l'aiguille des minutes jusqu'à l'heure suivante, c'est-à-dire jusqu'à 4 heures, puis lui faire faire encore quatre tours complets, de manière que les aiguilles extérieures indiquent successivement 5, 6, 7 et enfin 8 heures, qui est l'heure voulue.

Dans le cas où l'horloge se serait arrêtée à 11 heures 18 minutes du soir et qu'on voulût la remettre en mouvement à 6 heures 15 minutes du matin, il faudrait d'abord faire avancer la petite aiguille jusqu'à 60 minutes; les grandes aiguilles qui y correspondent marqueront alors minuit ou 12 heures; ensuite, on fera faire 6 révolutions complètes à la petite aiguille; après quoi, il faudrait l'avancer encore de 15 minutes.

Pendant ces opérations, il faut retenir le volant de la sonnerie, à l'effet d'éviter le dégagement de ce rouage et l'empêcher, par conséquent, de donner l'alarme mal à propos. Il suffira pour cela d'écarter ce volant un tant soit peu de son point de contact. Car, si l'on négligeait cette précaution, l'horloge ferait entendre consécutivement la série des coups qui auraient dû être sonnés pendant le temps perdu.

Si l'horloge faisait aussi entendre les quarts d'heure et si la sonnerie des quarts n'était pas en harmonie avec les aiguilles, il faudrait que cette sonnerie fût dégagée autant de fois que cela est nécessaire; mais, pour ne pas faire sonner inutilement, on retiendra les fils de communication pour que les marteaux ne puissent toucher les cloches affectées aux quarts d'heure.

On peut encore, au lieu de retenir le volant, ainsi que nous l'avons dit, se servir d'un autre moyen pour mettre d'accord la sonnerie des heures sans faire sonner les heures perdues; il consiste à retirer la roue de compte de sa place et de la tourner ensuite jusqu'à ce que le bras de levée réponde à l'entaille de l'heure voulue. Ainsi, dans le premier exemple cité, le bras de levier devrait tomber dans l'entaille marquée 8, et dans le deuxième exemple dans celle qui porte le chiffre 6.

Il faut avoir soin, après avoir ainsi replacé la

roue de compte, de la fixer sur son tenon, au moyen de sa goupille.

---

## CHAPITRE IX.

### ACCIDENTS QUI PEUVENT TROUBLER LA MARCHE D'UNE HORLOGE, ET MOYENS PROPRES A Y REMÉDIER.

Il est impossible de prévoir tous les accidents qui peuvent survenir dans la marche d'une horloge, qui, le plus souvent, est placée dans une tour ouverte de tous côtés à l'injure du temps, et se trouve parfois ébranlée par la sonnerie des cloches, suspendues dans des beffrois peu solides.

Cependant nous croyons utile de retracer ceux des accidents que l'expérience nous a montrés comme s'étant déjà reproduits, espérant qu'en faisant connaître les différentes causes qui ont occasionné des dérangements, l'on cherchera à les prévenir.

Quelques-uns de ces accidents proviennent de l'intempérie de l'air; d'autres sont dus à divers dérangements qui peuvent survenir dans l'intérieur de la tour; d'autres, enfin, peuvent être attribués à la négligence dans l'entretien de l'horloge.

### I. *Accidents provenant de l'intempérie de l'air.*

1° Certaines tours sont tellement peu à l'abri de la pluie et de la neige que, malgré que l'horloge soit renfermée dans une armoire bien close, il pénètre assez d'eau le long des fils de transmission pour entretenir une certaine humidité dans l'intérieur de cette armoire et provoquer ainsi l'oxydation des métaux qui ne sont pas couverts d'une couche de couleur à huile, tels que les pignons, les arbres, etc.

Pour empêcher l'oxydation de se fixer, il faudrait chaque fois que l'on apercevrait des taches, les faire disparaître au moyen d'un linge un peu gras.

2° Les inconvénients de l'humidité ne se bornent pas à l'oxydation. L'humidité peut aussi faire travailler le bois de l'armoire, et le gonfler au point de ne plus laisser assez de jeu aux tringles de communication qui, le plus souvent, passent par le couvercle de cette armoire.

Dans ce cas, il conviendrait de remettre le couvercle dans son état primitif; mais, si la chose était impossible, il faudrait agrandir les trous de passage pour que les tringles et les fils de renvoi n'éprouvent plus de gêne ou ne frottent plus contre le bois.

3° Si, par suite de l'humidité, le châssis en bois sur lequel sont fixés les rouages de l'horloge parvenait à travailler, il se pourrait que l'étoile de dégagement ne levant pas suffisamment la détente, cette pièce ne dégagerait plus la sonnerie.

Il faudrait alors défaire l'écrou qui fixe la sonnerie du côté du mouvement et mettre une cale quelconque; il suffirait peut-être qu'elle fût d'une faible épaisseur, telle que celle d'une carte à jouer; on fixerait alors de nouveau le pied de la cage contre le châssis.

4° C'est encore par l'effet de l'humidité comme aussi de la sécheresse que les pièces accessoires de l'horloge peuvent éprouver de la gêne au point de faire arrêter la marche du mouvement. C'est ainsi que, si les bois sur lesquels sont fixés les supports des renvois et ceux de la cadrature ne sont pas bien secs, il arrive que dans des temps pluvieux ces bois se gonflent, et qu'ils se rétrécissent pendant la belle saison.

Pour s'assurer que le dérangement survenu

dans l'horloge provient d'une gêne dans une des pièces servant à la transmission des aiguilles, il faut toucher la tringle verticale qui sort de l'armoire pour se convaincre de la libertée du jeu de ces pièces; il faut s'assurer ensuite que la gêne n'est pas dans la cadrature ou dans l'un des renvois, ou enfin dans un nœud universel. Si l'une ou l'autre de ces pièces éprouvait de l'embarras dans son mouvement, il faudrait y remédier en lui rendant tout le jeu nécessaire.

5° L'humidité peut encore occasionner la torsion des cordes, en accouplant les deux brins d'une corde pour n'en plus former qu'un seul.

Chaque fois qu'une pareille torsion aurait lieu, il faudrait tourner la corde dans l'un ou l'autre sens, jusqu'à ce qu'on l'eût ramenée à son état naturel. Or, comme l'extrémité de chaque corde se trouve fixée à un tourniquet, il sera facile de détordre cette corde, pour peu que ce tourniquet ait été huilé.

6° La neige ou plutôt le givre qui s'attache aux aiguilles peut les rendre d'inégale pesanteur et parfois faire adhérer ces aiguilles contre le fond des cadrans.

Chaque fois que l'on aurait à craindre une perturbation par suite du givre, il faudrait charger le poids du mouvement, à l'effet de vaincre cette nouvelle résistance.

## II. *Accidents provenant de dérangements qui s'opèrent dans l'intérieur de la tour.*

1° Il y a des beffrois qui se trouvent dans un état tellement mauvais, qu'en sonnant les cloches à la volée, il se produit des dislocations. Il n'est donc pas étonnant que les supports des cloches finissent par céder, et qu'en se déplaçant, ces cloches s'écartent des marteaux au point de ne plus recevoir le choc ou de ne le recevoir que d'une manière imparfaite.

Si l'on ne pouvait remédier directement à la suspension des cloches en les remettant à la hauteur voulue, il faudrait s'aider provisoirement d'*allonges à vis* qui se trouvent placées dans l'armoire aux extrémités des fils de communication; il faudrait, en même temps, déplacer le contre-ressort du marteau pour que celui-ci puisse s'approcher convenablement de la cloche.

2° Il arrive aussi que des pailles, des parcelles de bois ou d'autres corps étrangers, chassés par le vent ou apportés par les oiseaux qui se plaisent dans les tours, pénètrent dans l'intérieur de l'armoire par les trous de passage des cordes et des tringles de transmission. Or, si l'on ne fait attention et qu'on ne les enlève à temps, ces corps étrangers pourraient se loger dans les engrenages du mouvement et sinon arrêter, du moins déranger la marche de l'horloge.

### III. *Accidents provenant de défaut d'entretien de l'horloge.*

1° Parmi les causes qui peuvent provoquer le dérangement dans la marche d'une horloge, il faut mettre en première ligne le défaut d'huilage, soit qu'on n'ait pas graissé assez souvent, ou qu'on ait négligé de mettre de l'huile sur quelques pièces, ou enfin qu'on n'en ait pas mis là où cela était nécessaire, ou bien qu'on n'ait pas enlevé l'ancienne huile avant de mettre la nouvelle.

2° A ces causes de négligence on peut ajouter celle de n'avoir pas chargé le poids du mouvement en hiver, à l'approche des grands froids.

3° Et celle de n'avoir pas enlevé les mêmes poids de surcharge lorsque les froids avaient cessé.

4° Enfin, de n'avoir eu aucune précaution en

remontant l'horloge ou de l'avoir fait remonter par des personnes étrangères, par des enfants, par exemple, ce qui malheureusement arrive bien souvent.

Plus d'une fois il est arrivé que, faute de s'être arrêté à temps lorsque la marque noire de la corde était près du cylindre, l'on a continué de remonter les rouages, et que, de cette manière, l'on a fait glisser une poulie sur une autre, ou que l'on a déchaussé la corde d'une poulie en la faisant sortir de sa gorge.

Pour remédier à de pareils accidents, il faut faire courir le rouage en faisant sonner à faux; à cet effet, l'on tournera la manivelle en sens inverse, en dégageant d'avance la détente de la sonnerie, si c'est à ce corps de rouage que l'accident a eu lieu, et en soulevant les cliquets du cylindre, si c'est au mouvement, jusqu'à ce que la corde soit enfin dégagée; après quoi l'on pourra remettre la corde à sa place si elle était sortie de sa gorge.

5° Il arrive aussi parfois que, ne fermant pas la porte qui ouvre sur la tour, on permette l'entrée à des personnes qui n'ont rien de plus pressé que de toucher à chaque tringle de transmission, ou de tourner chaque pièce, au risque de la fausser, etc. Ces attouchements, peu délicats d'ordinaire, ne sont jamais à l'avantage de l'horloge et ne peuvent que lui porter préjudice.

Il faudrait donc que les personnes intéressées à la conservation de l'horloge fussent les seules admises à y toucher, et qu'on pût empêcher, d'une manière ou d'une autre, l'approche des enfants ou des étrangers en l'absence de la personne chargée de l'entretien de l'horloge.

NB. Nous mentionnerons encore une cause de dérangement. Celle-ci est du fait des moineaux. — Ces oiseaux étaient parvenus dans plusieurs communes à établir leurs nids à l'entour des tringles de transmission, de manière à en gêner le jeu au point d'empêcher l'horloge de marcher.

---

## CHAPITRE X.

### ABONNEMENT.

Plusieurs des communes auxquelles nous avons fourni des horloges ont reconnu la nécessité de s'assurer du bon état d'entretien de ces pièces, non-seulement dans l'intérêt de leur conservation et de leur durée, mais aussi dans celui de la sûreté de leurs fonctions et de l'exactitude de leur marche.

En effet, il n'arrive que trop souvent, qu'à défaut d'huile réunissant les qualités requises, on se serve, à l'usage des horloges, d'une espèce de graisse propre plutôt à détériorer les rouages qu'à en faciliter la marche.

Il est également à notre connaissance que dans certaines communes, au lieu de régler ou de maintenir l'horloge au temps moyen, on dérange le mouvement pour le mettre d'accord avec d'autres horloges dont la construction et la marche ne sont rien moins que parfaites.

Enfin, nous pourrions citer telle ou telle localité où, pour complaire à de certaines exigences, on a fait tantôt avancer et tantôt retarder l'horloge, condescendance qui ne peut que nuire à l'exactitude et à la conservation de ces machines.

Il est déjà arrivé aussi que l'instituteur ou la personne chargée des soins à donner à l'horloge, personne à laquelle nous avions donné toutes les instructions nécessaires pour la bien entretenir et la régler convenablement, que cet instituteur est venu à quitter la commune sans avoir pu transmettre à son successeur les instructions dont celui-ci aurait eu besoin pour se charger à son tour des soins que réclame une horloge.

Pour terminer nous ferons remarquer que nous avons aussi déjà été à même de reconnaître que là où l'entretien d'une horloge est confié à deux personnes à la fois, ainsi que cela se rencontre dans les communes mixtes, où les instituteurs des deux cultes se trouvent chargés alternativement du remontage de l'horloge, que la conservation de cette machine souffre ordinairement en ce que l'une de ces personnes se fie à l'autre pour les soins à donner et décline de même toute responsabilité en cas d'accident.

Pour préserver l'horloge de ces négligences et en assurer l'état de parfaite conservation, plusieurs maires, tant des communes du Haut-Rhin que de celles du Bas-Rhin, ont préféré passer par une légère dépense, à l'effet de maintenir leur horloge dans le meilleur état possible, comme aussi de la garantir contre toute éventualité d'accident.

Or, moyennant une somme modique qui peut varier de 15 à 30 fr. par an, en raison de l'importance des fonctions d'une horloge et de l'éloignement de la commune, nous nous engageons, par un traité d'abonnement, à visiter l'horloge au moins deux fois par an (au printemps et en automne), à l'effet :

1° De nous assurer qu'elle est toujours bien entretenue;

2° De la dégager de l'oxydation ou rouille qu'elle aurait pu prendre à la fin de l'hiver ou par suite d'une température humide et pluvieuse;

3° De la régler d'après le temps moyen si elle ne l'était pas;

4° De la pourvoir de l'huile nécessaire à son entretien;

5° Enfin, de donner à la personne chargée de son entretien toutes les instructions nécessaires.

## LATITUDES DES COMMUNES.

### DÉPARTEMENT DU BAS-RHIN.

| Nos | NOMS DES COMMUNES. | LATITUDES. | DIFFÉRENCE AVEC LE TEMPS DE STRASBOURG. en avance. | DIFFÉRENCE AVEC LE TEMPS DE STRASBOURG. en retard. |
|---|---|---|---|---|
| | ARRONDISSEMENT DE STRASBOURG. | | | |
| | | deg. m. s. | h. m. s. | h. m. s. |
| 1 | Achenheim . . . . . . | 48 34 40 | » » » | 0 0 28,0 |
| 2 | Altorf . . . . . . . . | 48 31 20 | » » » | 0 0 52,0 |
| 3 | Auenheim . . . . . . | 48 48 50 | 0 1 3,2 | » » » |
| 4 | Avenheim . . . . . . | 48 40 20 | » » » | 0 0 46,7 |
| 5 | Avolsheim . . . . . . | 48 33 40 | » » » | 0 0 59,3 |
| 6 | Ballbronn . . . . . . | 48 35 10 | » » » | 0 1 14,7 |
| 7 | Batzendorf . . . . . . | 48 47 10 | » » » | 0 0 10,0 |
| 8 | Behlenheim . . . . . . | 48 39 0 | » » » | 0 0 30,0 |
| 9 | Bergbieten . . . . . . | 48 34 40 | » » » | 0 1 9,3 |
| 10 | Bernolsheim . . . . . | 48 45 20 | » » » | 0 0 14,0 |
| 11 | Berstett . . . . . . . | 48 40 50 | » » » | 0 0 20,7 |
| 12 | Berstheim . . . . . . | 48 47 30 | » » » | 0 0 17,3 |
| 13 | Bietlenheim . . . . . | 48 43 10 | 0 0 8,7 | » » » |
| 14 | Bilwisheim . . . . . . | 48 42 30 | » » » | 0 0 21,4 |
| 15 | Bischheim . . . . . . | 48 36 50 | 0 0 1,4 | » » » |
| 16 | Bischwiller . . . . . . | 48 46 10 | 0 0 28,0 | » » » |
| 17 | Blæsheim . . . . . . | 48 30 20 | » » » | 0 0 33,3 |
| 18 | Brumath . . . . . . . | 48 43 50 | » » » | 0 0 8,7 |
| 19 | Brüschwickersheim . . | 48 34 40 | » » » | 0 0 35,3 |
| 20 | Cosswiller . . . . . . | 48 37 40 | » » » | 0 1 39,3 |
| 21 | Dachstein . . . . . . | 48 33 40 | » » » | 0 0 54,7 |
| 22 | Dahlenheim . . . . . | 48 35 10 | » » » | 0 0 58,7 |
| 23 | Dalhunden . . . . . . | 48 46 30 | 0 1 0,0 | » » » |
| 24 | Dangolsheim . . . . . | 48 34 20 | » » » | 0 1 7,7 |
| 25 | Dauendorf . . . . . . | 48 49 50 | » » » | 0 0 21,3 |
| 26 | Dingsheim . . . . . . | 48 37 50 | » » » | 0 0 20,0 |
| 27 | Dinsheim . . . . . . | 48 32 40 | » » » | 0 1 16,7 |
| 28 | Donnenheim . . . . . | 48 43 10 | » » » | 0 0 22,7 |
| 29 | Dorlisheim . . . . . . | 48 31 30 | » » » | 0 1 2,7 |
| 30 | Dossenheim . . . . . | 48 38 20 | » » » | 0 0 40,7 |
| 31 | Drusenheim . . . . . | 48 45 50 | 0 0 49,3 | » » » |
| 32 | Düppigheim . . . . . | 48 31 40 | » » » | 0 0 38,0 |
| 33 | Dürningen . . . . . . | 48 41 0 | » » » | 0 0 42,7 |
| 34 | Düttlenheim . . . . . | 48 31 30 | » » » | 0 0 43,3 |

| Nos | NOMS DES COMMUNES. | LATITUDES. | | | DIFFÉRENCE AVEC LE TEMPS DE STRASBOURG en avance. | | | en retard. | | |
|---|---|---|---|---|---|---|---|---|---|---|
| | | deg. | m. | s. | h. | m. | s. | h. | m. | s. |
| 35 | Eckbolsheim . . . . . | 48 | 34 | 40 | » | » | » | 0 | 0 | 15,3 |
| 36 | Eckwersheim . . . . . | 48 | 41 | 0 | » | » | » | 0 | 0 | 14,0 |
| 37 | Engenthal . . . . . . | 48 | 37 | 50 | » | » | » | 0 | 1 | 48,0 |
| 38 | Entzheim . . . . . . | 48 | 32 | 0 | » | » | » | 0 | 0 | 26,7 |
| 39 | Ergersheim . . . . . | 48 | 34 | 10 | » | » | » | 0 | 0 | 52,0 |
| 40 | Ernolsheim. . . . . . | 48 | 33 | 50 | » | » | » | 0 | 0 | 43,4 |
| 41 | Eschau . . . . . . . | 48 | 29 | 40 | » | » | » | 0 | 0 | 7,3 |
| 42 | Fegersheim . . . . . | 48 | 29 | 30 | » | » | » | 0 | 0 | 16,0 |
| 43 | Fessenheim . . . . . | 48 | 38 | 0 | » | » | » | 0 | 0 | 50,0 |
| 44 | Flexbourg . . . . . . | 48 | 34 | 20 | » | » | » | 0 | 1 | 16,0 |
| 45 | Forstfeld. . . . . . . | 48 | 51 | 40 | 0 | 1 | 10,7 | » | » | » |
| 46 | Fort-Louis . . . . . . | 48 | 48 | 10 | 0 | 1 | 14,7 | » | » | » |
| 47 | Fürdenheim . . . . . | 48 | 36 | 50 | » | » | » | 0 | 0 | 44,7 |
| 48 | Gambsheim . . . . . | 48 | 41 | 20 | 0 | 0 | 31,3 | » | » | » |
| 49 | Geispolsheim . . . . . | 48 | 31 | 0 | » | » | » | 0 | 0 | 25,2 |
| 50 | Geudertheim . . . . . | 48 | 43 | 20 | 0 | 0 | 1,3 | » | » | » |
| 51 | Gimbrett. . . . . . . | 48 | 41 | 50 | » | » | » | 0 | 0 | 33,3 |
| 52 | Gougenheim . . . . . | 48 | 42 | 10 | » | » | » | 0 | 0 | 43,3 |
| 53 | Gresswiller. . . . . . | 48 | 32 | 10 | » | » | » | 0 | 1 | 16,0 |
| 54 | Gries . . . . . . . . | 48 | 45 | 10 | 0 | 0 | 15,4 | » | » | » |
| 55 | Griesheim . . . . . . | 48 | 38 | 10 | » | » | » | 0 | 0 | 20,0 |
| 56 | Haguenau . . . . . . | 48 | 49 | 10 | 0 | 0 | 10,0 | » | » | » |
| 57 | Handschuheim . . . . | 48 | 36 | 20 | » | » | » | 0 | 0 | 40,0 |
| 58 | Hangenbieten. . . . . | 48 | 33 | 5 | » | » | » | 0 | 0 | 33,4 |
| 59 | Heiligenberg . . . . . | 48 | 32 | 20 | » | » | » | 0 | 1 | 26,0 |
| 60 | Herrlisheim . . . . . | 48 | 44 | 0 | 0 | 0 | 39,3 | » | » | » |
| 61 | Hochstett . . . . . . | 48 | 46 | 40 | » | » | » | 0 | 0 | 16,7 |
| 62 | Hœnheim . . . . . . | 48 | 37 | 20 | 0 | 0 | 2,7 | » | » | » |
| 63 | Hœrdt. . . . . . . . | 48 | 42 | 0 | 0 | 0 | 8,6 | » | » | » |
| 64 | Holtzheim . . . . . . | 48 | 33 | 40 | » | » | » | 0 | 0 | 25,7 |
| 65 | Hürtigheim . . . . . | 48 | 37 | 0 | » | » | » | 0 | 0 | 36,7 |
| 66 | Hüttendorf. . . . . . | 48 | 48 | 20 | » | » | » | 0 | 0 | 26,0 |
| 67 | Ichtratzheim . . . . . | 48 | 28 | 40 | » | » | » | 0 | 0 | 15,3 |
| 68 | Illkirch . . . . . . . | 48 | 31 | 50 | » | » | » | 0 | 0 | 7,4 |
| 69 | Irmstett . . . . . . . | 48 | 35 | 10 | » | » | » | 0 | 1 | 4,0 |
| 70 | Ittenheim . . . . . . | 48 | 36 | 20 | » | » | » | 0 | 0 | 36,7 |
| 71 | Ittlenheim . . . . . . | 48 | 39 | 20 | » | » | » | 0 | 0 | 48,7 |
| 72 | Kaltenhausen. . . . . | 48 | 47 | 40 | 0 | 0 | 21,3 | » | » | » |
| 73 | Kauffenheim . . . . . | 48 | 51 | 20 | 0 | 1 | 8,0 | » | » | » |
| 74 | Kienheim . . . . . . | 48 | 41 | 20 | » | » | » | 0 | 0 | 40,7 |
| 75 | Kilstett . . . . . . . | 48 | 40 | 40 | 0 | 0 | 26,7 | » | » | » |

| Nos | NOMS DES COMMUNES. | LATITUDES. | | | DIFFÉRENCE AVEC LE TEMPS DE STRASBOURG en avance. | | | en retard. | | |
|---|---|---|---|---|---|---|---|---|---|---|
| | | deg. | m. | s. | h. | m. | s. | h. | m. | s. |
| 76 | Kirchheim . . . . . . . | 48 | 36 | 30 | » | » | » | 0 | 1 | 0,7 |
| 77 | Kleinfrankenheim . . . | 48 | 39 | 40 | » | » | » | 0 | 0 | 39,3 |
| 78 | Kolbsheim . . . . . . | 48 | 33 | 40 | » | » | » | 0 | 0 | 38,7 |
| 79 | Krautwiller . . . . . | 48 | 44 | 20 | » | » | » | 0 | 0 | 14,7 |
| 80 | Kriegsheim . . . . . | 48 | 45 | 40 | » | » | » | 0 | 0 | 3,3 |
| 81 | Kurtzenhausen . . . . | 48 | 44 | 30 | 0 | 0 | 14,0 | » | » | » |
| 82 | Küttolsheim . . . . . | 48 | 38 | 40 | » | » | » | 0 | 0 | 52,0 |
| 83 | Lampertheim. . . . . | 48 | 39 | 0 | » | » | » | 0 | 0 | 12,0 |
| 84 | Leutenheim . . . . . | 48 | 50 | 40 | 0 | 1 | 10,0 | » | » | » |
| 85 | Lingolsheim . . . . . | 48 | 33 | 10 | » | » | » | 0 | 0 | 16,0 |
| 86 | Lipsheim . . . . . | 48 | 29 | 20 | » | » | » | 0 | 0 | 20,0 |
| 87 | Lützelhausen. . . . . | 48 | 31 | 10 | » | » | » | 0 | 1 | 50,7 |
| 88 | Marlenheim . . . . | 48 | 37 | 20 | » | » | » | 0 | 1 | 2,0 |
| 89 | Mittelhausbergen . . . | 48 | 36 | 50 | » | » | » | 0 | 0 | 12,0 |
| 90 | Mittelschæffolsheim . . | 48 | 42 | 0 | » | » | » | 0 | 0 | 23,4 |
| 91 | Molsheim . . . . . . | 48 | 32 | 40 | » | » | » | 0 | 1 | 0,7 |
| 92 | Mommenheim . . . . | 48 | 45 | 40 | » | » | » | 0 | 0 | 25,3 |
| 93 | Morschwiller . . . . . | 48 | 49 | 20 | » | » | » | 0 | 0 | 29,3 |
| 94 | Mundolsheim. . . . . | 48 | 38 | 30 | » | » | » | 0 | 0 | 10,0 |
| 95 | Mutzig . . . . . . | 48 | 32 | 30 | » | » | » | 0 | 1 | 9,3 |
| 96 | Neugartheim. . . . . | 48 | 39 | 50 | » | » | » | 0 | 0 | 50,7 |
| 97 | Neuhæusel. . . . . . | 48 | 49 | 30 | 0 | 1 | 26,0 | » | » | » |
| 98 | Niederhaslach . . . . | 48 | 32 | 40 | » | » | » | 0 | 1 | 37,3 |
| 99 | Niederhausbergen . . . | 48 | 37 | 30 | » | » | » | 0 | 0 | 10,7 |
| 100 | Niederschæffolsheim . . | 48 | 46 | 30 | » | » | » | 0 | 0 | 1,3 |
| 101 | Nordheim . . . . . . | 48 | 38 | 10 | » | » | » | 0 | 0 | 58,0 |
| 102 | Oberhaslach . . . . . | 48 | 33 | 10 | » | » | » | 0 | 1 | 40,7 |
| 103 | Oberhausbergen . . . | 48 | 36 | 30 | » | » | » | 0 | 0 | 14,7 |
| 104 | Oberhoffen. . . . . . | 48 | 47 | 10 | 0 | 0 | 28,0 | » | » | » |
| 105 | Oberschæffolsheim . . | 48 | 35 | 10 | » | » | » | 0 | 0 | 23,3 |
| 106 | Odratzheim . . . . . | 48 | 36 | 10 | » | » | » | 0 | 1 | 2,0 |
| 107 | Offendorff . . . . . . | 48 | 42 | 40 | 0 | 0 | 40,7 | » | » | » |
| 108 | Offenheim . . . . . . | 48 | 37 | 50 | » | » | » | 0 | 0 | 31,3 |
| 109 | Ohlungen . . . . . . | 48 | 48 | 50 | » | » | » | 0 | 0 | 11,3 |
| 110 | Olwisheim . . . . . . | 48 | 41 | 50 | » | » | » | 0 | 0 | 17,3 |
| 111 | Osthoffen . . . . . | 48 | 35 | 0 | » | » | » | 0 | 0 | 46,0 |
| 112 | Ostwald . . . . . . | 48 | 32 | 50 | » | » | » | 0 | 0 | 8,0 |
| 113 | Pfettisheim. . . . . . | 48 | 39 | 30 | » | » | » | 0 | 0 | 26,7 |
| 114 | Pfulgriesheim . . . . | 48 | 38 | 40 | » | » | » | 0 | 0 | 18,0 |
| 115 | Plobsheim . . . . . . | 48 | 28 | 20 | » | » | » | 0 | 0 | 6,7 |
| 116 | Quatzenheim . . . . . | 48 | 37 | 40 | » | » | » | 0 | 0 | 41,3 |

| Nos | NOMS DES COMMUNES. | LATITUDES. | | | DIFFÉRENCE AVEC LE TEMPS DE STRASBOURG | | | | | |
|---|---|---|---|---|---|---|---|---|---|---|
| | | | | | en avance. | | | en retard. | | |
| | | deg. | m. | s. | h. | m. | s. | h. | m. | s. |
| 117 | Reichstett . . . . . . | 48 | 38 | 55 | 0 | 0 | 2,0 | » | » | » |
| 118 | Reitwiller . . . . . . | 48 | 40 | 30 | » | » | » | 0 | 0 | 31,3 |
| 119 | Reschwoog . . . . . | 48 | 49 | 40 | 0 | 0 | 15,3 | » | » | » |
| 120 | Rohr . . . . . . . . | 48 | 41 | 50 | » | » | » | 0 | 0 | 48,7 |
| 121 | Rohrwiller . . . . . . | 48 | 45 | 30 | 0 | 0 | 39,3 | » | » | » |
| 122 | Romanswiller. . . . . | 48 | 38 | 40 | » | » | » | 0 | 1 | 22,0 |
| 123 | Roppenheim . . . . . | 48 | 51 | 40 | 0 | 1 | 14,7 | » | » | » |
| 124 | Rottelsheim . . . . . | 48 | 45 | 40 | » | » | » | 0 | 0 | 8,7 |
| 125 | Rumersheim . . . . . | 48 | 41 | 30 | » | » | » | 0 | 0 | 26,0 |
| 126 | Runtzenheim . . . . | 48 | 49 | 20 | 0 | 1 | 3,3 | » | » | » |
| 127 | Scharrachbergheim . . | 48 | 35 | 40 | » | » | » | 0 | 1 | 0,0 |
| 128 | Schiltigheim . . . . . | 48 | 36 | 20 | 0 | 0 | 1,3 | » | » | » |
| 129 | Schirhoffen . . . . . | 48 | 48 | 20 | 0 | 0 | 42,0 | » | » | » |
| 130 | Schirrhein . . . . . . | 48 | 48 | 10 | 0 | 0 | 39,3 | » | » | » |
| 131 | Schnersheim . . . . . | 48 | 39 | 20 | » | » | » | 0 | 0 | 43,4 |
| 132 | Schweighausen . . . . | 48 | 49 | 20 | » | » | » | 0 | 0 | 3,4 |
| 133 | Sessenheim . . . . . | 48 | 48 | 0 | 0 | 0 | 56,7 | » | » | » |
| 134 | Souffelnheim. . . . . | 48 | 49 | 50 | 0 | 0 | 52,7 | » | » | » |
| 135 | Souffelweyersheim . . | 48 | 38 | 10 | » | » | » | 0 | 0 | 0,7 |
| 136 | Soultz-les-Bains . . . | 48 | 34 | 20 | » | » | » | 0 | 1 | 3,3 |
| 137 | Stattmatten . . . . . | 48 | 48 | 0 | 0 | 1 | 0,7 | » | » | » |
| 138 | Still. . . . . . . . . | 48 | 33 | 0 | » | » | » | 0 | 1 | 23,4 |
| 139 | Strasbourg. . . . . . | 48 | 35 | 0 | » | » | » | » | » | » |
| 140 | Stützheim . . . . . . | 48 | 37 | 40 | » | » | » | 0 | 0 | 30,0 |
| 141 | Trænheim . . . . . . | 48 | 35 | 40 | » | » | » | 0 | 1 | 8,7 |
| 142 | Truchtersheim . . . . | 48 | 39 | 50 | » | » | » | 0 | 0 | 34,0 |
| 143 | Uhlwiller . . . . . . | 48 | 49 | 20 | » | » | » | 0 | 0 | 17,3 |
| 144 | Urmatt . . . . . . . | 48 | 31 | 40 | » | » | » | 0 | 1 | 40,7 |
| 145 | Vendenheim . . . . . | 48 | 40 | 20 | » | » | » | 0 | 0 | 10,0 |
| 146 | Wahlenheim . . . . . | 48 | 46 | 0 | » | » | » | 0 | 0 | 14,0 |
| 147 | Wangen. . . . . . . . | 48 | 37 | 0 | » | » | » | 0 | 1 | 8,0 |
| 148 | Wangenbourg . . . . | 48 | 37 | 20 | » | » | » | 0 | 1 | 44,0 |
| 149 | Wantzenau. . . . . . | 48 | 39 | 50 | 0 | 0 | 18,0 | » | » | » |
| 150 | Wasselonne . . . . . | 48 | 38 | 10 | » | » | » | 0 | 1 | 12,0 |
| 151 | Weitbruch. . . . . . | 48 | 45 | 20 | 0 | 0 | 7,3 | » | » | » |
| 152 | Westhoffen. . . . . . | 48 | 36 | 10 | » | » | » | 0 | 1 | 14,0 |
| 153 | Weyersheim . . . . . | 48 | 43 | 10 | 0 | 0 | 13,3 | » | » | » |
| 154 | Willgottheim. . . . . | 48 | 40 | 10 | » | » | » | 0 | 0 | 58,0 |
| 155 | Wintershausen . . . . | 48 | 47 | 50 | » | » | » | 0 | 0 | 11,3 |
| 156 | Wintzenheim . . . . . | 48 | 39 | 20 | » | » | » | 0 | 0 | 56,0 |
| 157 | Wittersheim . . . . . | 48 | 47 | 10 | » | » | » | 0 | 0 | 21,3 |

| Nos | NOMS DES COMMUNES. | LATITUDES. | DIFFÉRENCE AVEC LE TEMPS DE STRASBOURG en avance. | | DIFFÉRENCE AVEC LE TEMPS DE STRASBOURG en retard. |
|---|---|---|---|---|---|
| | | deg. m. s. | h. m. | s. | h. m. s. |
| 158 | Wiwersheim . . . . . | 48 38 20 | » » | » | 0 0 32,7 |
| 159 | Wællenheim . . . . . | 48 40 40 | » » | » | 0 0 57,3 |
| 160 | Wolfisheim. . . . . . | 48 35 10 | » » | » | 0 0 24,0 |
| 161 | Wolxheim . . . . . . | 48 34 10 | » » | » | 0 0 56,0 |

ARRONDISSEMENT DE SAVERNE.

| Nos | NOMS DES COMMUNES. | LATITUDES. | en avance. | | en retard. |
|---|---|---|---|---|---|
| 1 | Adamswiller . . . . . | 48 54 20 | » » | » | 0 2 10,7 |
| 2 | Allenwiller. . . . . . | 48 39 20 | » » | » | 0 1 29,4 |
| 3 | Alteckendorf. . . . . | 48 47 20 | » » | » | 0 0 35,4 |
| 4 | Altenheim . . . . . . | 48 43 20 | » » | » | 0 1 8,7 |
| 5 | Altwiller. . . . . . . | 48 56 0 | » » | » | 0 3 4,6 |
| 6 | Asswiller . . . . . . | 48 53 0 | » » | » | 0 2 7,4 |
| 7 | Bærendorf. . . . . . | 48 50 30 | » » | » | 0 2 39,4 |
| 8 | Berg . . . . . . . . | 48 54 0 | » » | » | 0 2 38,0 |
| 9 | Bettwiller . . . . . . | 48 53 20 | » » | » | 0 2 16,0 |
| 10 | Bischholtz . . . . . . | 48 53 40 | » » | » | 0 0 50,7 |
| 11 | Bissert . . . . . . . | 48 56 40 | » » | » | 0 2 54,7 |
| 12 | Bosselshausen . . . . | 48 48 20 | » » | » | 0 0 58,0 |
| 13 | Bossendorf. . . . . . | 48 47 0 | » » | » | 0 0 44,7 |
| 14 | Bouxwiller. . . . . . | 48 49 30 | » » | » | 0 1 3,4 |
| 15 | Bueswiller. . . . . . | 48 49 10 | » » | » | 0 0 44,7 |
| 16 | Burbach. . . . . . . | 48 54 10 | » » | » | 0 2 33,3 |
| 17 | Bürckenwald. . . . . | 48 39 30 | » » | » | 0 1 36,0 |
| 18 | Büst . . . . . . . . | 48 49 50 | » » | » | 0 2 3,3 |
| 19 | Bütten . . . . . . . | 48 58 20 | » » | » | 0 2 7,3 |
| 20 | Crastatt . . . . . . . | 48 39 30 | » » | » | 0 1 16,7 |
| 21 | Dehlingen . . . . . . | 48 59 0 | » » | » | 0 2 14,0 |
| 22 | Dettwiller . . . . . . | 48 45 20 | » » | » | 0 1 7,3 |
| 23 | Diedendorf. . . . . . | 48 52 40 | » » | » | 0 2 49,3 |
| 24 | Diemeringen . . . . . | 48 56 30 | » » | » | 0 2 14,0 |
| 25 | Dimbsthal . . . . . . | 48 40 10 | » » | » | 0 1 33,3 |
| 26 | Domfessel . . . . . . | 48 57 10 | » » | » | 0 2 23,3 |
| 27 | Dossenheim . . . . . | 48 48 20 | » » | » | 0 1 23,3 |
| 28 | Drulingen . . . . . . | 48 52 0 | » » | » | 0 2 14,0 |
| 29 | Duntzenheim . . . . . | 48 42 40 | » » | » | 0 0 50,7 |
| 30 | Durstel . . . . . . . | 48 53 30 | » » | » | 0 2 12,7 |
| 31 | Eckartswiller. . . . . | 48 46 10 | » » | » | 0 1 33,3 |
| 32 | Engwiller . . . . . . | 48 40 0 | » » | » | 0 1 39,3 |
| 33 | Erckartswiller . . . . | 48 52 40 | » » | » | 0 1 34,0 |

| Nos | NOMS DES COMMUNES. | LATITUDES. | | | DIFFÉRENCE AVEC LE TEMPS DE STRASBOURG en avance. | | | en retard. | | |
|---|---|---|---|---|---|---|---|---|---|---|
| | | deg. | m. | s. | h. | m. | s. | h. | m. | s. |
| 34 | Ernolsheim . . . . . | 48 | 47 | 30 | » | » | » | 0 | 1 | 28,0 |
| 35 | Eschbourg . . . . . . | 48 | 49 | 0 | » | » | » | 0 | 1 | 48,7 |
| 36 | Eschwiller . . . . . . | 48 | 51 | 40 | » | » | » | 0 | 2 | 32,7 |
| 37 | Ettendorf . . . . . . | 48 | 48 | 50 | » | » | » | 0 | 0 | 39,3 |
| 38 | Eywiller . . . . . . . | 48 | 52 | 20 | » | » | » | 0 | 2 | 27,3 |
| 39 | Friedolsheim . . . . . | 48 | 42 | 30 | » | » | » | 0 | 1 | 3,3 |
| 40 | Frohmühl . . . . . . | 48 | 54 | 40 | » | » | » | 0 | 1 | 52,6 |
| 41 | Furchhausen . . . . . | 48 | 43 | 10 | » | » | » | 0 | 1 | 14,7 |
| 42 | Geiswiller . . . . . . | 48 | 47 | 20 | » | » | » | 0 | 0 | 58,0 |
| 43 | Gingsheim . . . . . . | 48 | 43 | 10 | » | » | » | 0 | 0 | 38,0 |
| 44 | Gœrlingen . . . . . . | 48 | 47 | 50 | » | » | » | 0 | 2 | 40,7 |
| 45 | Gottenhausen . . . . . | 48 | 43 | 20 | » | » | » | 0 | 1 | 33,3 |
| 46 | Gottesheim. . . . . . | 48 | 46 | 30 | » | » | » | 0 | 1 | 4,0 |
| 47 | Grassendorf . . . . . | 48 | 49 | 30 | » | » | » | 0 | 0 | 33,3 |
| 48 | Griesbach . . . . . . | 48 | 49 | 0 | » | » | » | 0 | 1 | 15,3 |
| 49 | Gungwiller. . . . . . | 48 | 53 | 0 | » | » | » | 0 | 2 | 22,0 |
| 50 | Hægen . . . . . . . | 48 | 43 | 0 | » | » | » | 0 | 1 | 39,3 |
| 51 | Hambach . . . . . . | 48 | 55 | 40 | » | » | » | 0 | 2 | 8,0 |
| 52 | Harskirchen . . . . | 48 | 56 | 10 | » | » | » | 0 | 2 | 50,0 |
| 53 | Hattmatt. . . . . . . | 48 | 47 | 30 | » | » | » | 0 | 1 | 18,7 |
| 54 | Herbitzheim . . . . . | 48 | 1 | 10 | » | » | » | 0 | 2 | 40,0 |
| 55 | Hinsbourg . . . . . . | 48 | 54 | 30 | » | » | » | 0 | 1 | 50,0 |
| 56 | Hinsingen . . . . . . | 48 | 57 | 20 | » | » | » | 0 | 3 | 2,0 |
| 57 | Hirschland. . . . . . | 48 | 50 | 20 | » | » | » | 0 | 2 | 32,0 |
| 58 | Hochfelden . . . . . . | 48 | 45 | 40 | » | » | » | 0 | 0 | 42,0 |
| 59 | Hohatzenheim . . . . | 48 | 43 | 0 | » | » | » | 0 | 0 | 30,0 |
| 60 | Hohengœft. . . . . . | 48 | 39 | 40 | » | » | » | 0 | 1 | 6,0 |
| 61 | Hohfranckenheim . . . | 48 | 43 | 50 | » | » | » | 0 | 0 | 41,3 |
| 62 | Imbsheim . . . . . . | 48 | 48 | 20 | » | » | » | 0 | 1 | 10,7 |
| 63 | Ingenheim . . . . . . | 48 | 44 | 10 | » | » | » | 0 | 0 | 55,3 |
| 64 | Ingwiller . . . . . . | 48 | 52 | 30 | » | » | » | 0 | 1 | 4,0 |
| 65 | Issenhausen . . . . . | 48 | 48 | 20 | » | » | » | 0 | 0 | 50,7 |
| 66 | Jean (Saint-) des-Choux. | 48 | 46 | 20 | » | » | » | 0 | 1 | 33,3 |
| 67 | Jetterswiller . . . . . | 48 | 40 | 10 | » | » | » | 0 | 1 | 20,0 |
| 68 | Keskastel . . . . . . | 48 | 58 | 40 | » | » | » | 0 | 2 | 48,7 |
| 69 | Kirrberg. . . . . . . | 48 | 49 | 30 | » | » | » | 0 | 2 | 44,7 |
| 70 | Kirwiller . . . . . . | 48 | 49 | 0 | » | » | » | 0 | 0 | 52,0 |
| 71 | Kleingœft . . . . . . | 48 | 41 | 30 | » | » | » | 0 | 1 | 13,3 |
| 72 | Knœrsheim . . . . . | 48 | 41 | 0 | » | » | » | 0 | 1 | 8,7 |
| 73 | Landersheim . . . . . | 48 | 41 | 30 | » | » | » | 0 | 1 | 0,0 |
| 74 | Lichtenberg . . . . . | 48 | 55 | 20 | » | » | » | 0 | 1 | 3,3 |

| Nos | NOMS DES COMMUNES. | LATITUDES. | | | DIFFÉRENCE AVEC LE TEMPS DE STRASBOURG en avance. | | | en retard. | | |
|---|---|---|---|---|---|---|---|---|---|---|
| | | deg. | m. | s. | h. | m. | s. | h. | m. | s. |
| 75 | Littenheim . . . . . . | 48 | 43 | 50 | » | » | » | 0 | 1 | 2,0 |
| 76 | Lixhausen . . . . . . | 48 | 47 | 40 | » | » | » | 0 | 0 | 47,3 |
| 77 | Lochwiller . . . . . . | 48 | 41 | 50 | » | » | » | 0 | 1 | 20,0 |
| 78 | Lohr . . . . . . . . . | 48 | 51 | 30 | » | » | » | 0 | 2 | 1,3 |
| 79 | Lorentzen . . . . . . | 48 | 57 | 10 | » | » | » | 0 | 2 | 17,3 |
| 80 | Lupstein . . . . . . . | 48 | 44 | 10 | » | » | » | 0 | 1 | 2,7 |
| 81 | Mackwiller . . . . . | 48 | 55 | 40 | » | » | » | 0 | 2 | 16,7 |
| 82 | Mænnolsheim . . . . . | 48 | 42 | 0 | » | » | » | 0 | 1 | 8,0 |
| 83 | Marmoutier . . . . . | 48 | 41 | 30 | » | » | » | 0 | 1 | 28,0 |
| 84 | Melsheim . . . . . . | 48 | 45 | 30 | » | » | » | 0 | 0 | 53,3 |
| 85 | Menchhoffen . . . . . | 48 | 51 | 30 | » | » | » | 0 | 1 | 0,0 |
| 86 | Minversheim . . . . . | 48 | 47 | 20 | » | » | » | 0 | 0 | 30,0 |
| 87 | Mittelhausen . . . . . | 48 | 42 | 30 | » | » | » | 0 | 0 | 28,7 |
| 88 | Monswiller . . . . . . | 48 | 45 | 20 | » | » | » | 0 | 1 | 28,7 |
| 89 | Mühlhausen . . . . . | 48 | 53 | 0 | » | » | » | 0 | 0 | 47,3 |
| 90 | Mutzenhausen . . . . | 48 | 44 | 30 | » | » | » | 0 | 0 | 38,0 |
| 91 | Neuwiller . . . . . . | 48 | 49 | 30 | » | » | » | 0 | 1 | 23,3 |
| 92 | Niedermodern . . . . | 48 | 50 | 50 | » | » | » | 0 | 0 | 28,7 |
| 93 | Niedersoultzbach . . . | 48 | 51 | 0 | » | » | » | 0 | 1 | 7,3 |
| 94 | Obermodern . . . . . | 48 | 50 | 40 | » | » | » | 0 | 0 | 51,1 |
| 95 | Obersoultzbach . . . . | 48 | 51 | 10 | » | » | » | 0 | 1 | 12,7 |
| 96 | Oermingen . . . . . . | 48 | 0 | 10 | » | » | » | 0 | 2 | 29,3 |
| 97 | Ottersthal . . . . . . | 48 | 45 | 20 | » | » | » | 0 | 1 | 36,0 |
| 98 | Otterswiller . . . . . | 48 | 43 | 30 | » | » | » | 0 | 1 | 29,3 |
| 99 | Ottwiller . . . . . . . | 48 | 51 | 50 | » | » | » | 0 | 2 | 4,0 |
| 100 | Petersbach . . . . . . | 48 | 52 | 20 | » | » | » | 0 | 1 | 57,3 |
| 101 | Petite-Pierre (La) . . . | 48 | 51 | 30 | » | » | » | 0 | 1 | 43,3 |
| 102 | Pfaffenhoffen . . . . . | 48 | 50 | 40 | » | » | » | 0 | 0 | 32,6 |
| 103 | Pfalzweyer . . . . . . | 48 | 48 | 30 | » | » | » | 0 | 1 | 57,3 |
| 104 | Pistorf . . . . . . . | 48 | 54 | 0 | » | » | » | 0 | 2 | 42,7 |
| 105 | Printzheim . . . . . . | 48 | 47 | 20 | » | » | » | 0 | 1 | 4,0 |
| 106 | Puberg . . . . . . . | 48 | 54 | 50 | » | » | » | 0 | 1 | 43,3 |
| 107 | Rangen . . . . . . . | 48 | 39 | 50 | » | » | » | 0 | 1 | 5,3 |
| 108 | Ratzwiller . . . . . . | 48 | 57 | 20 | » | » | » | 0 | 2 | 2,7 |
| 109 | Rauwiller . . . . . . | 48 | 48 | 40 | » | » | » | 0 | 2 | 34,0 |
| 110 | Reinhardsmünster . . . | 48 | 40 | 50 | » | » | » | 0 | 1 | 42,0 |
| 111 | Reipertswiller . . . . | 48 | 56 | 0 | » | » | » | 0 | 1 | 11,0 |
| 112 | Reutenbourg . . . . . | 48 | 41 | 10 | » | » | » | 0 | 1 | 22,0 |
| 113 | Rexingen . . . . . . | 48 | 54 | 10 | » | » | » | 0 | 2 | 16,0 |
| 114 | Riedheim . . . . . . | 48 | 48 | 30 | » | » | » | 0 | 1 | 5,3 |
| 115 | Rimsdorf . . . . . . | 48 | 55 | 50 | » | » | » | 0 | 2 | 30,0 |

| N°s | NOMS DES COMMUNES. | LATITUDES. | | | DIFFÉRENCE AVEC LE TEMPS DE STRASBOURG en avance. | | | en retard. | | |
|---|---|---|---|---|---|---|---|---|---|---|
| | | deg. | m. | s. | h. | m. | s. | h. | m. | s. |
| 116 | Ringeldorf . . . . . . | 48 | 49 | 40 | » | » | » | 0 | 0 | 32,6 |
| 117 | Ringendorf. . . . . . | 48 | 48 | 40 | » | » | » | 0 | 0 | 45,3 |
| 118 | Rosteig . . . . . . . | 48 | 56 | 0 | » | » | » | 0 | 1 | 38,7 |
| 119 | Saar-Union . . . . . | 48 | 56 | 30 | » | » | » | 0 | 2 | 38,0 |
| 120 | Saarwerden (Vieux-). . | 48 | 55 | 50 | » | » | » | 0 | 2 | 40,0 |
| 121 | Sæssolsheim . . . . . | 48 | 42 | 30 | » | » | » | 0 | 0 | 56,0 |
| 122 | Salenthal . . . . . . | 48 | 39 | 50 | » | » | » | 0 | 1 | 30,7 |
| 123 | Saverne . . . . . . . | 48 | 44 | 30 | » | » | » | 0 | 1 | 32,0 |
| 124 | Schaffhausen. . . . . | 48 | 44 | 0 | » | » | » | 0 | 0 | 44,0 |
| 125 | Schalkendorf. . . . . | 48 | 50 | 0 | » | » | » | 0 | 0 | 44,0 |
| 126 | Scherlenheim. . . . . | 48 | 46 | 0 | » | » | » | 0 | 0 | 50,7 |
| 127 | Schillersdorf . . . . . | 48 | 52 | 30 | » | » | » | 0 | 0 | 53,3 |
| 128 | Schœnbourg . . . . . | 48 | 50 | 0 | » | » | » | 0 | 1 | 55,3 |
| 129 | Schopperten . . . . . | 48 | 57 | 0 | » | » | » | 0 | 2 | 48,7 |
| 130 | Schweinheim. . . . . | 48 | 42 | 50 | » | » | » | 0 | 1 | 20,6 |
| 131 | Schwindratzheim . . . | 48 | 45 | 40 | » | » | » | 0 | 0 | 34,7 |
| 132 | Siewiller. . . . . . . | 48 | 50 | 30 | » | » | » | 0 | 2 | 11,3 |
| 133 | Siltzheim . . . . . . | 48 | 3 | 50 | » | » | » | 0 | 2 | 36,6 |
| 134 | Singrist . . . . . . . | 48 | 40 | 10 | » | » | » | 0 | 1 | 26,7 |
| 135 | Sparsbach . . . . . . | 48 | 52 | 40 | » | » | » | 0 | 1 | 20,6 |
| 136 | Steinbourg. . . . . . | 48 | 46 | 10 | » | » | » | 0 | 1 | 20,0 |
| 137 | Struth. . . . . . . . | 48 | 53 | 40 | » | » | » | 0 | 1 | 58,0 |
| 138 | Thal (Drulingen) . . . | 48 | 54 | 50 | » | » | » | 0 | 2 | 24,7 |
| 139 | Thal (Marmoutier). . . | 48 | 42 | 10 | » | » | » | 0 | 1 | 34,7 |
| 140 | Tieffenbach . . . . . | 48 | 54 | 30 | » | » | » | 0 | 1 | 59,3 |
| 141 | Uttwiller. . . . . . . | 48 | 51 | 0 | » | » | » | 0 | 1 | 2,7 |
| 142 | Vœllerdingen . . . . . | 48 | 58 | 0 | » | » | » | 0 | 2 | 25,3 |
| 143 | Volcksberg. . . . . . | 48 | 57 | 0 | » | » | » | 0 | 1 | 47,3 |
| 144 | Waldolvisheim . . . . | 48 | 44 | 0 | » | » | » | 0 | 1 | 14,7 |
| 145 | Waltenheim . . . . . | 48 | 45 | 0 | » | » | » | 0 | 0 | 28,0 |
| 146 | Weinbourg. . . . . . | 48 | 52 | 20 | » | » | » | 0 | 1 | 14,0 |
| 147 | Weislingen. . . . . . | 48 | 55 | 20 | » | » | » | 0 | 1 | 58,7 |
| 148 | Weiterswiller. . . . . | 48 | 51 | 10 | » | » | » | 0 | 1 | 18,7 |
| 149 | Westhausen . . . . . | 48 | 41 | 10 | » | » | » | 0 | 1 | 11,3 |
| 150 | Weyer. . . . . . . . | 48 | 51 | 20 | » | » | » | 0 | 2 | 21,3 |
| 151 | Wickersheim. . . . . | 48 | 47 | 0 | » | » | » | 0 | 0 | 51,3 |
| 152 | Willer. . . . . . . . | 48 | 56 | 20 | » | » | » | 0 | 2 | 28,0 |
| 153 | Wilshausen . . . . . | 48 | 46 | 30 | » | » | » | 0 | 0 | 47,3 |
| 154 | Wilwisheim . . . . . | 48 | 45 | 0 | » | » | » | 0 | 0 | 57,3 |
| 155 | Wimmenau . . . . . | 48 | 54 | 50 | » | » | » | 0 | 1 | 19,3 |
| 156 | Wingen . . . . . . . | 48 | 55 | 0 | » | » | » | 0 | 1 | 28,0 |

| Nos | NOMS DES COMMUNES | LATITUDES. | | | DIFFÉRENCE AVEC LE TEMPS DE STRASBOURG en avance. | | | en retard. | | |
|---|---|---|---|---|---|---|---|---|---|---|
| | | deg. | m. | s. | h. | m. | s. | h. | m. | s. |
| 157 | Wingersheim. . . . . | 48 | 43 | 20 | » | » | » | 0 | 0 | 24,7 |
| 158 | Wolfskirchen. . . . . | 48 | 52 | 50 | » | » | » | 0 | 2 | 42,0 |
| 159 | Wolschheim . . . . . | 48 | 42 | 10 | » | » | » | 0 | 1 | 11,3 |
| 160 | Zehnacker . . . . . . | 48 | 40 | 20 | » | » | » | 0 | 1 | 10,7 |
| 161 | Zeinheim . . . . . . | 48 | 40 | 10 | » | » | » | 0 | 1 | 2,0 |
| 162 | Zittersheim. . . . . . | 48 | 54 | 0 | » | » | » | 0 | 1 | 36,0 |
| 163 | Zœbersdorf. . . . . | 48 | 47 | 40 | » | » | » | 0 | 0 | 52,6 |
| 164 | Zollingen . . . . . . | 48 | 54 | 40 | » | » | » | 0 | 2 | 42,0 |
| 165 | Zutzendorf. . . . . . | 48 | 51 | 20 | » | » | » | 0 | 0 | 47,3 |

ARRONDISSEMENT DE SCHLESTADT.

| Nos | NOMS DES COMMUNES | deg. | m. | s. | h. | m. | s. | h. | m. | s. |
|---|---|---|---|---|---|---|---|---|---|---|
| 1 | Andlau . . . . . . . | 48 | 23 | 20 | » | » | » | 0 | 1 | 19,3 |
| 2 | Artolsheim. . . . . . | 48 | 12 | 40 | » | » | » | 0 | 0 | 12,0 |
| 3 | Baldenheim . . . . . | 48 | 14 | 10 | » | » | » | 0 | 0 | 50,7 |
| 4 | Barr . . . . . . . . | 48 | 24 | 40 | » | » | » | 0 | 1 | 11,3 |
| 5 | Bassemberg . . . . . | 48 | 20 | 10 | » | » | » | 0 | 1 | 52,0 |
| 6 | Bellefosse . . . . . . | 48 | 24 | 20 | » | » | » | 0 | 2 | 8,0 |
| 7 | Belmont. . . . . . . | 48 | 24 | 40 | » | » | » | 0 | 2 | 3,3 |
| 8 | Benfeld . . . . . . . | 48 | 22 | 10 | » | » | » | 0 | 0 | 36,7 |
| 9 | Bernardswiller (Barr) . | 48 | 22 | 20 | » | » | » | 0 | 1 | 23,3 |
| 10 | Bernardswiller (Ob.). . | 48 | 27 | 20 | » | » | » | 0 | 1 | 8,0 |
| 11 | Bindernheim. . . . . | 48 | 17 | 0 | » | » | » | 0 | 0 | 32,7 |
| 12 | Bischofsheim. . . . . | 48 | 29 | 20 | » | » | » | 0 | 1 | 2,0 |
| 13 | Blancherupt . . . . . | 48 | 29 | 40 | » | » | » | 0 | 2 | 14,0 |
| 14 | Blienschwiller . . . . | 48 | 20 | 30 | » | » | » | 0 | 1 | 19,3 |
| 15 | Bœrsch . . . . . . . | 48 | 28 | 50 | » | » | » | 0 | 1 | 14,0 |
| 16 | Bœsenbiesen. . . . . | 48 | 13 | 40 | » | » | » | 0 | 0 | 44,7 |
| 17 | Bolsenheim . . . . . | 48 | 25 | 10 | » | » | » | 0 | 0 | 31,3 |
| 18 | Booftzheim. . . . . . | 48 | 20 | 0 | » | » | » | 0 | 0 | 15,3 |
| 19 | Bootzheim . . . . . . | 48 | 11 | 3 | » | » | » | 0 | 0 | 42,7 |
| 20 | Breitenau . . . . . . | 48 | 19 | 40 | » | » | » | 0 | 1 | 50,0 |
| 21 | Breitenbach . . . . . | 48 | 22 | 0 | » | » | » | 0 | 1 | 49,3 |
| 22 | Burgheim . . . . . . | 48 | 25 | 0 | » | » | » | 0 | 1 | 0,7 |
| 23 | Châtenois . . . . . . | 48 | 16 | 20 | » | » | » | 0 | 1 | 24,7 |
| 24 | Dambach . . . . . . | 48 | 19 | 30 | » | » | » | 0 | 1 | 17,3 |
| 25 | Daubensand . . . . . | 48 | 21 | 10 | » | » | » | 0 | 0 | 6,0 |
| 26 | Diebolsheim . . . . . | 48 | 17 | 20 | » | » | » | 0 | 0 | 20,0 |
| 27 | Dieffenbach . . . . . | 48 | 18 | 50 | » | » | » | 0 | 0 | 21,3 |
| 28 | Dieffenthal. . . . . . | 48 | 18 | 40 | » | » | » | 0 | 1 | 19,3 |

| Nos | NOMS DES COMMUNES. | LATITUDES. | | | DIFFÉRENCE AVEC LE TEMPS DE STRASBOURG | | | | | |
|---|---|---|---|---|---|---|---|---|---|---|
| | | | | | en avance. | | | en retard. | | |
| | | deg. | m. | s. | h. | m. | s. | h. | m. | s. |
| 29 | Ebersheim. . . . . . | 48 | 18 | 10 | » | » | » | 0 | 0 | 58,7 |
| 30 | Ebersmünster. . . . . | 48 | 18 | 40 | » | » | » | 0 | 0 | 53,3 |
| 31 | Eichhoffen . . . . . . | 48 | 23 | 10 | » | » | » | 0 | 1 | 13,3 |
| 32 | Elsenheim . . . . . . | 48 | 9 | 40 | » | » | » | 0 | 1 | 0,7 |
| 33 | Epfig . . . . . . . . | 48 | 21 | 40 | » | » | » | 0 | 1 | 8,0 |
| 34 | Erlenbach . . . . . . | 48 | 21 | 20 | » | » | » | 0 | 0 | 23,3 |
| 35 | Erstein . . . . . . . | 48 | 25 | 20 | » | » | » | 0 | 0 | 22,0 |
| 36 | Fouchy . . . . . . . | 48 | 19 | 40 | » | » | » | 0 | 1 | 54,7 |
| 37 | Fouday . . . . . . . | 48 | 25 | 20 | » | » | » | 0 | 2 | 14,7 |
| 38 | Friesenheim . . . . . | 48 | 18 | 40 | » | » | » | 0 | 0 | 18,0 |
| 39 | Gerstheim . . . . . . | 48 | 22 | 50 | » | » | » | 0 | 0 | 10,7 |
| 40 | Gertwiller . . . . . . | 48 | 24 | 40 | » | » | » | 0 | 1 | 7,3 |
| 41 | Goxwiller . . . . . . | 48 | 26 | 10 | » | » | » | 0 | 1 | 3,3 |
| 42 | Grendelbruch. . . . . | 48 | 29 | 30 | » | » | » | 0 | 1 | 41,3 |
| 43 | Griesheim . . . . . . | 48 | 30 | 10 | » | » | » | 0 | 0 | 51,3 |
| 44 | Heidolsheim . . . . . | 48 | 12 | 10 | » | » | » | 0 | 0 | 55,3 |
| 45 | Heiligenstein. . . . . | 48 | 25 | 20 | » | » | » | 0 | 1 | 11,3 |
| 46 | Herbsheim. . . . . . | 48 | 21 | 0 | » | » | » | 0 | 0 | 28,0 |
| 47 | Hessenheim . . . . . | 48 | 12 | 40 | » | » | » | 0 | 0 | 47,3 |
| 48 | Hilsenheim. . . . . . | 48 | 17 | 30 | » | » | » | 0 | 0 | 44,0 |
| 49 | Hindisheim . . . . . | 48 | 28 | 30 | » | » | » | 0 | 0 | 26,7 |
| 50 | Hipsheim . . . . . . | 48 | 28 | 10 | » | » | » | 0 | 0 | 19,3 |
| 51 | Hüttenheim . . . . . | 48 | 21 | 20 | » | » | » | 0 | 0 | 40,0 |
| 52 | Innenheim. . . . . . | 48 | 29 | 50 | » | » | » | 0 | 0 | 40,7 |
| 53 | Itterswiller. . . . . . | 48 | 22 | 0 | » | » | » | 0 | 1 | 16,7 |
| 54 | Kertzfeld . . . . . . | 48 | 22 | 50 | » | » | » | 0 | 0 | 42,7 |
| 55 | Kintzheim . . . . . . | 48 | 15 | 20 | » | » | » | 0 | 1 | 25,3 |
| 56 | Krautergersheim . . . | 48 | 28 | 40 | » | » | » | 0 | 0 | 43,7 |
| 57 | Lalaye . . . . . . . | 48 | 20 | 0 | » | » | » | 0 | 1 | 59,3 |
| 58 | Limersheim . . . . . | 48 | 27 | 30 | » | » | » | 0 | 0 | 24,6 |
| 59 | Mackenheim . . . . . | 48 | 11 | 0 | » | » | » | 0 | 0 | 44,0 |
| 60 | Marckolsheim . . . . | 48 | 10 | 0 | » | » | » | 0 | 0 | 49,3 |
| 61 | Martin (Saint-) . . . . | 48 | 21 | 0 | » | » | » | 0 | 1 | 49,7 |
| 62 | Matzenheim . . . . . | 48 | 23 | 25 | » | » | » | 0 | 0 | 29,7 |
| 63 | Maurice (Saint-) . . . | 48 | 20 | 0 | » | » | » | 0 | 1 | 39,3 |
| 64 | Meissengott . . . . . | 48 | 21 | 40 | » | » | » | 0 | 1 | 57,3 |
| 65 | Meistratzheim . . . . | 48 | 27 | 0 | » | » | » | 0 | 0 | 50,3 |
| 66 | Mittelbergheim . . . . | 48 | 24 | 0 | » | » | » | 0 | 1 | 13,3 |
| 67 | Mollkirch . . . . . . | 48 | 30 | 30 | » | » | » | 0 | 1 | 23,3 |
| 68 | Mühlbach . . . . . . | 48 | 31 | 10 | » | » | » | 0 | 1 | 47,3 |
| 69 | Mussig . . . . . . . | 48 | 13 | 55 | » | » | » | 0 | 0 | 55,3 |

| Nos | NOMS DES COMMUNES. | LATITUDES. | | | DIFFÉRENCE AVEC LE TEMPS DE STRASBOURG en avance. | | | en retard. | | |
|---|---|---|---|---|---|---|---|---|---|---|
| | | deg. | m. | s. | h. | m. | s. | h. | m. | s. |
| 70 | Müttersholtz . . . . . | 48 | 16 | 0 | » | » | » | 0 | 0 | 51,3 |
| 71 | Nabor (Saint-) . . . . | 48 | 26 | 55 | » | » | » | 0 | 1 | 18,3 |
| 72 | Neubois . . . . . . . . | 48 | 19 | 0 | » | » | » | 0 | 1 | 43,3 |
| 73 | Neuve-Église et Hirtzelbach . . . . . . . | 48 | 20 | 0 | » | » | » | 0 | 1 | 49,3 |
| 74 | Niedernai . . . . . . | 48 | 27 | 30 | » | » | » | 0 | 0 | 55,7 |
| 75 | Nordhausen . . . . . | 48 | 27 | 0 | » | » | » | 0 | 0 | 19,3 |
| 76 | Nothalten . . . . . . | 48 | 21 | 0 | » | » | » | 0 | 1 | 19,3 |
| 77 | Obenheim . . . . . . | 48 | 21 | 45 | » | » | » | 0 | 0 | 14,3 |
| 78 | Obernai . . . . . . | 48 | 27 | 55 | » | » | » | 0 | 1 | 4,0 |
| 79 | Ohnenheim . . . . . | 48 | 11 | 0 | » | » | » | 0 | 0 | 58,3 |
| 80 | Orschwiller . . . . . | 48 | 14 | 30 | » | » | » | 0 | 1 | 29,3 |
| 81 | Osthausen . . . . . . | 48 | 24 | 15 | » | » | » | 0 | 0 | 25,3 |
| 82 | Ottrott (Le Bas). . . . | 48 | 27 | 55 | » | » | » | 0 | 1 | 17,3 |
| 83 | Ottrott (Le Haut) . . . | 48 | 27 | 30 | » | » | » | 0 | 1 | 18,3 |
| 84 | Pierre (Saint-) . . . . | 48 | 23 | 0 | » | » | » | 0 | 1 | 7,3 |
| 85 | Pierre-Bois (Saint-) . . | 48 | 24 | 0 | » | » | » | 0 | 1 | 1,3 |
| 86 | Reichsfeld . . . . . . | 48 | 22 | 0 | » | » | » | 0 | 1 | 27,3 |
| 87 | Rhinau . . . . . . . . | 48 | 19 | 0 | » | » | » | 0 | 0 | 11,3 |
| 88 | Richtolsheim. . . . . | 48 | 14 | 10 | » | » | » | 0 | 0 | 38,0 |
| 89 | Rosenwiller . . . . . | 48 | 30 | 25 | » | » | » | 0 | 1 | 15,3 |
| 90 | Rosheim . . . . . . . | 48 | 29 | 45 | » | » | » | 0 | 1 | 7,3 |
| 91 | Rossfeld. . . . . . . | 48 | 20 | 10 | » | » | » | 0 | 0 | 31,3 |
| 92 | Saasenheim . . . . . | 48 | 14 | 15 | » | » | » | 0 | 0 | 31,3 |
| 93 | Sand . . . . . . . . . | 48 | 23 | 0 | » | » | » | 0 | 0 | 31,7 |
| 94 | Schæffersheim . . . . | 48 | 25 | 55 | » | » | » | 0 | 0 | 30,7 |
| 95 | Scherwiller . . . . . | 48 | 17 | 0 | » | » | » | 0 | 1 | 15,3 |
| 96 | Schœnau . . . . . . | 48 | 13 | 25 | » | » | » | 0 | 0 | 23,3 |
| 97 | Schwobsheim. . . . . | 48 | 14 | 0 | » | » | » | 0 | 0 | 42,3 |
| 98 | Schlestadt . . . . . . | 48 | 15 | 30 | » | » | » | 0 | 1 | 11,3 |
| 99 | Sermersheim. . . . . | 48 | 20 | 30 | » | » | » | 0 | 0 | 58,3 |
| 100 | Solbach . . . . . . . | 48 | 28 | 0 | » | » | » | 0 | 2 | 11,3 |
| 101 | Steige. . . . . . . . | 48 | 21 | 30 | » | » | » | 0 | 2 | 1,3 |
| 102 | Stotzheim . . . . . . | 48 | 22 | 55 | » | » | » | 0 | 0 | 59,7 |
| 103 | Sundhausen . . . . . | 48 | 15 | 15 | » | » | » | 0 | 0 | 35,3 |
| 104 | Thanvillé . . . . . . | 48 | 19 | 15 | » | » | » | 0 | 1 | 35,3 |
| 105 | Triembach. . . . . . | 48 | 20 | 30 | » | » | » | 0 | 1 | 39,3 |
| 106 | Urbeis. . . . . . . . | 48 | 19 | 45 | » | » | » | 0 | 2 | 3,3 |
| 107 | Uttenheim . . . . . . | 48 | 24 | 40 | » | » | » | 0 | 0 | 36,0 |
| 108 | Valff . . . . . . . . . | 48 | 25 | 20 | » | » | » | 0 | 0 | 55,3 |
| 109 | Villé . . . . . . . . . | 48 | 20 | 50 | » | » | » | 0 | 1 | 44,7 |

| Nos | NOMS DES COMMUNES. | LATITUDES. | | | DIFFÉRENCE AVEC LE TEMPS DE STRASBOURG en avance. | | | en retard. | | |
|---|---|---|---|---|---|---|---|---|---|---|
| | | deg. | m. | s. | h. | m. | s. | h. | m. | s. |
| 110 | Westhausen . . . . . | 48 | 24 | 0 | » | » | » | 0 | 0 | 39,3 |
| 111 | Witternheim . . . . . | 48 | 19 | 0 | » | » | » | 0 | 0 | 33,3 |
| 112 | Wittisheim. . . . . . | 48 | 16 | 0 | » | » | » | 0 | 0 | 39,3 |
| 113 | Zellwiller . . . . . . | 48 | 24 | 0 | » | » | » | 0 | 0 | 59,3 |

ARRONDISSEMENT DE WISSEMBOURG.

| Nos | NOMS DES COMMUNES. | deg. | m. | s. | h. | m. | s. | h. | m. | s. |
|---|---|---|---|---|---|---|---|---|---|---|
| 1 | Altenstadt . . . . . . | 49 | 2 | 0 | 0 | 0 | 52,7 | » | » | » |
| 2 | Asbach . . . . . . . | 48 | 56 | 20 | 0 | 0 | 56,7 | » | » | » |
| 3 | Beinheim . . . . . . | 48 | 52 | 0 | 0 | 1 | 24,7 | » | » | » |
| 4 | Biblisheim . . . . . . | 48 | 54 | 0 | 0 | 0 | 3,3 | » | » | » |
| 5 | Birlenbach. . . . . . | 48 | 58 | 55 | 0 | 0 | 32,7 | » | » | » |
| 6 | Bitschhoffen . . . . . | 48 | 51 | 40 | » | » | » | 0 | 0 | 31,3 |
| 7 | Bremmelbach . . . . | 48 | 59 | 50 | 0 | 0 | 41,3 | » | » | » |
| 8 | Bühl . . . . . . . . | 48 | 55 | 0 | 0 | 1 | 5,3 | » | » | » |
| 9 | Cléebourg . . . . . . | 49 | 0 | 20 | 0 | 0 | 34,3 | » | » | » |
| 10 | Climbach . . . . . . | 49 | 1 | 10 | 0 | 0 | 24,3 | » | » | » |
| 11 | Crœttwiller . . . . . | 48 | 56 | 0 | 0 | 1 | 8,0 | » | » | » |
| 12 | Dambach . . . . . . | 49 | 0 | 25 | » | » | » | 0 | 0 | 28,7 |
| 13 | Dieffenbach . . . . . | 48 | 56 | 0 | 0 | 0 | 7,7 | » | » | » |
| 14 | Drachenbronn . . . . | 48 | 59 | 20 | 0 | 0 | 28,7 | » | » | » |
| 15 | Dürrenbach . . . . . | 48 | 54 | 0 | 0 | 0 | 4,7 | » | » | » |
| 16 | Eberbach (Seltz) . . . | 48 | 55 | 55 | 0 | 1 | 16,7 | » | » | » |
| 17 | Eberbach (Wœrth). . . | 48 | 54 | 55 | » | » | » | 0 | 0 | 7,3 |
| 18 | Engwiller . . . . . . | 48 | 59 | 10 | » | » | » | 0 | 0 | 32,0 |
| 19 | Eschbach . . . . . . | 48 | 57 | 40 | » | » | » | 0 | 0 | 3,3 |
| 20 | Forstheim . . . . . . | 48 | 59 | 45 | » | » | » | 0 | 0 | 7,7 |
| 21 | Frœschwiller. . . . . | 48 | 56 | 40 | » | » | » | 0 | 0 | 6,7 |
| 22 | Gœrsdorf . . . . . . | 48 | 57 | 10 | 0 | 0 | 4,7 | » | » | » |
| 23 | Griesbach . . . . . . | 48 | 59 | 35 | » | » | » | 0 | 0 | 17,3 |
| 24 | Gumbrechtshoffen (O) . | 48 | 54 | 20 | » | » | » | 0 | 0 | 30,0 |
| 25 | Gumbrechtshoffen (N) . | 48 | 54 | 30 | » | » | » | 0 | 0 | 29,0 |
| 26 | Gundershoffen . . . . | 48 | 54 | 30 | » | » | » | 0 | 0 | 20,7 |
| 27 | Gunstett. . . . . . . | 48 | 55 | 0 | 0 | 0 | 4,3 | » | » | » |
| 28 | Hatten . . . . . . . | 48 | 54 | 15 | 0 | 0 | 54,7 | » | » | » |
| 29 | Hegeney. . . . . . . | 48 | 59 | 20 | » | » | » | 0 | 0 | 2,7 |
| 30 | Hermerswiller . . . . | 48 | 56 | 20 | 0 | 0 | 38,7 | » | » | » |
| 31 | Hoffen. . . . . . . . | 48 | 55 | 50 | 0 | 0 | 46,0 | » | » | » |
| 32 | Hohwiller . . . . . . | 48 | 55 | 50 | 0 | 0 | 36,7 | » | » | » |
| 33 | Hunspach . . . . . . | 48 | 57 | 15 | 0 | 0 | 45,3 | » | » | » |

| Nos | NOMS DES COMMUNES. | LATITUDES. | | | DIFFÉRENCE AVEC LE TEMPS DE STRASBOURG en avance. | | | en retard. | | |
|---|---|---|---|---|---|---|---|---|---|---|
| | | deg. | m. | s. | h. | m. | s. | h. | m. | s. |
| 34 | Ingolsheim. . . . . . | 48 | 58 | 30 | 0 | 0 | 45,3 | » | » | » |
| 35 | Keffenach . . . . . . | 48 | 58 | 0 | 0 | 0 | 32,3 | » | » | » |
| 36 | Kesseldorf. . . . . . | 48 | 52 | 40 | 0 | 1 | 17,0 | » | » | » |
| 37 | Kindwiller. . . . . . | 48 | 51 | 55 | » | » | » | 0 | 0 | 36,7 |
| 38 | Kühlendorf. . . . . | 48 | 55 | 0 | 0 | 0 | 44,7 | » | » | » |
| 39 | Kutzenhausen . . . . | 48 | 56 | 10 | 0 | 0 | 30,0 | » | » | » |
| 40 | Lampertsloch. . . . | 48 | 57 | 35 | 0 | 0 | 16,3 | » | » | » |
| 41 | Langensoultzbach. . . | 48 | 51 | 10 | » | » | » | 0 | 0 | 3,3 |
| 42 | Laubach . . . . . . | 48 | 58 | 20 | 0 | 0 | 6,7 | » | » | » |
| 43 | Lauterbourg . . . . . | 48 | 58 | 30 | 0 | 1 | 42,7 | » | » | » |
| 44 | Leiterswiller . . . . . | 48 | 55 | 30 | 0 | 0 | 47,7 | » | » | » |
| 45 | Lembach . . . . . . | 49 | 0 | 20 | 0 | 0 | 8,7 | » | » | » |
| 46 | Lobsann. . . . . . . | 48 | 57 | 50 | 0 | 0 | 22,7 | » | » | » |
| 47 | Mattstall. . . . . . | 48 | 59 | 20 | 0 | 0 | 2,7 | » | » | » |
| 48 | Memelshoffen. . . . . | 48 | 57 | 45 | 0 | 0 | 28,7 | » | » | » |
| 49 | Mertzwiller . . . . . | 48 | 51 | 55 | » | » | » | 0 | 0 | 16,7 |
| 50 | Mietesheim. . . . . . | 48 | 52 | 55 | » | » | » | 0 | 0 | 26,7 |
| 51 | Mitschdorf. . . . . . | 48 | 57 | 20 | 0 | 0 | 8,3 | » | » | » |
| 52 | Morsbronn. . . . . . | 48 | 54 | 0 | » | » | » | 0 | 0 | 2,7 |
| 53 | Mothern. . . . . . . | 48 | 56 | 0 | 0 | 1 | 37,3 | » | » | » |
| 54 | Münchhausen . . . . | 48 | 55 | 20 | 0 | 1 | 36,7 | » | » | » |
| 55 | Neehwiller (Wœrth) . . | 48 | 57 | 40 | » | » | » | 0 | 0 | 10,7 |
| 56 | Neewiller (Lauterb.). . | 48 | 57 | 20 | 0 | 1 | 30,7 | » | » | » |
| 57 | Niederbetschdorf . . . | 48 | 54 | 0 | 0 | 0 | 40,3 | » | » | » |
| 58 | Niederbronn . . . . . | 48 | 57 | 10 | » | » | » | 0 | 0 | 30,0 |
| 59 | Niederlauterbach . . . | 48 | 58 | 20 | 0 | 1 | 24,0 | » | » | » |
| 60 | Niederrœdern. . . . . | 48 | 54 | 30 | 0 | 1 | 11,7 | » | » | » |
| 61 | Niederseebach . . . . | 48 | 57 | 10 | 0 | 1 | 0,7 | » | » | » |
| 62 | Niedersteinbach. . . . | 49 | 0 | 50 | » | » | » | 0 | 0 | 9,7 |
| 63 | Oberbetschdorf. . . . | 48 | 54 | 0 | 0 | 0 | 36,7 | » | » | » |
| 64 | Oberbronn. . . . . . | 48 | 56 | 25 | » | » | » | 0 | 0 | 30,7 |
| 65 | Oberdorf . . . . . . | 48 | 55 | 30 | 0 | 0 | 4,7 | » | » | » |
| 66 | Oberhoffen. . . . . . | 49 | 1 | 0 | 0 | 0 | 41,0 | » | » | » |
| 67 | Oberlauterbach. . . . | 48 | 57 | 0 | 0 | 1 | 16,7 | » | » | » |
| 68 | Oberrœdern . . . . . | 48 | 55 | 30 | 0 | 0 | 52,7 | » | » | » |
| 69 | Oberseebach . . . . . | 48 | 58 | 30 | 0 | 0 | 57,3 | » | » | » |
| 70 | Obersteinbach . . . . | 49 | 2 | 20 | » | » | » | 0 | 0 | 14,7 |
| 71 | Offwiller. . . . . . . | 48 | 54 | 45 | » | » | » | 0 | 0 | 50,0 |
| 72 | Preuschdorf . . . . . | 48 | 57 | 0 | 0 | 0 | 12,0 | » | » | » |
| 73 | Reichshoffen . . . . . | 48 | 56 | 0 | » | » | » | 0 | 0 | 19,7 |
| 74 | Reimerswiller . . . . | 48 | 54 | 55 | 0 | 0 | 32,3 | » | » | » |

| Nos | NOMS DES COMMUNES. | LATITUDES. | | | DIFFÉRENCE AVEC LE TEMPS DE STRASBOURG | | | | | |
|---|---|---|---|---|---|---|---|---|---|---|
| | | | | | en avance. | | | en retard. | | |
| | | deg. | m. | s. | h. | m. | s. | h. | m. | s. |
| 75 | Retschwiller . . . . . | 48 | 57 | 10 | 0 | 0 | 32,0 | » | » | » |
| 76 | Riedseltz . . . . . . | 48 | 59 | 45 | 0 | 0 | 48,7 | » | » | » |
| 77 | Rittershoffen . . . . . | 48 | 54 | 20 | 0 | 0 | 48,7 | » | » | » |
| 78 | Rott . . . . . . . . | 49 | 1 | 30 | 0 | 0 | 38,7 | » | » | » |
| 79 | Rothbach . . . . . . | 48 | 54 | 30 | » | » | » | 0 | 0 | 53,3 |
| 80 | Salmbach . . . . . . | 48 | 58 | 45 | 0 | 1 | 18,3 | » | » | » |
| 81 | Schaffhausen. . . . . | 48 | 54 | 40 | 0 | 1 | 25,3 | » | » | » |
| 82 | Scheibenhard. . . . . | 48 | 58 | 20 | 0 | 1 | 32,7 | » | » | » |
| 83 | Schleithal . . . . . . | 48 | 59 | 30 | 0 | 1 | 11,0 | » | » | » |
| 84 | Schœnenbourg . . . . | 48 | 57 | 0 | 0 | 0 | 39,0 | » | » | » |
| 85 | Schwabwiller. . . . . | 48 | 54 | 10 | 0 | 0 | 29,7 | » | » | » |
| 86 | Seltz . . . . . . . . | 48 | 53 | 45 | 0 | 1 | 26,7 | » | » | » |
| 87 | Siegen . . . . . . . | 48 | 57 | 40 | 0 | 1 | 11,0 | » | » | » |
| 88 | Soultz-sous-Forêts . . | 48 | 56 | 25 | 0 | 0 | 31,0 | » | » | » |
| 89 | Steinseltz . . . . . . | 49 | 0 | 40 | 0 | 0 | 43,7 | » | » | » |
| 90 | Stundwiller . . . . . | 48 | 55 | 40 | 0 | 0 | 57,3 | » | » | » |
| 91 | Surbourg . . . . . . | 48 | 54 | 35 | 0 | 0 | 23,3 | » | » | » |
| 92 | Triembach. . . . . . | 48 | 56 | 25 | 0 | 1 | 5.7 | » | » | » |
| 93 | Ueberach . . . . . . | 48 | 51 | 0 | » | » | » | 0 | 0 | 29,3 |
| 94 | Uhrwiller . . . . . . | 48 | 52 | 50 | » | » | » | 0 | 0 | 37,0 |
| 95 | Uttenhoffen . . . . . | 48 | 59 | 45 | » | » | » | 0 | 0 | 22,7 |
| 96 | Walbourg . . . . . . | 48 | 59 | 10 | 0 | 0 | 9,3 | » | » | » |
| 97 | Weiler . . . . . . . | 49 | 2 | 20 | 0 | 0 | 38,7 | » | » | » |
| 98 | Windstein . . . . . . | 49 | 0 | 10 | » | » | » | 0 | 0 | 15,3 |
| 99 | Wingen . . . . . . . | 49 | 1 | 40 | 0 | 0 | 15,7 | » | » | » |
| 100 | Wintzenbach . . . . . | 48 | 56 | 15 | 0 | 1 | 25,3 | » | » | » |
| 101 | Wissembourg. . . . . | 49 | 2 | 20 | 0 | 0 | 42,7 | » | » | » |
| 102 | Wœrth . . . . . . . | 48 | 56 | 30 | 0 | 0 | 7,0 | » | » | » |
| 103 | Zinswiller . . . . . . | 48 | 55 | 20 | » | » | » | 0 | 0 | 38,0 |

## LATITUDES DES COMMUNES.

DÉPARTEMENT DU HAUT-RHIN.

| Nos | NOMS DES COMMUNES. | LATITUDES. | | | DIFFÉRENCE AVEC LE TEMPS DE COLMAR. en avance. | | | en retard. | | |
|---|---|---|---|---|---|---|---|---|---|---|
| | **ARRONDISSEMENT DE COLMAR.** | | | | | | | | | |
| | | deg. | m. | s. | h. | m. | s. | h. | m. | s. |
| 1 | Algolsheim. . . . . . | 48 | 0 | 20 | 0 | 0 | 48,0 | » | » | » |
| 2 | Allemand-Rombach . . | 48 | 17 | 0 | » | » | » | 0 | 0 | 23,3 |
| 3 | Ammerschwihr . . . . | 48 | 7 | 50 | » | » | » | 0 | 0 | 17,3 |
| 4 | Andolsheim . . . . . | 48 | 3 | 50 | 0 | 0 | 13,3 | » | » | » |
| 5 | Appenwihr. . . . . . | 48 | 1 | 40 | 0 | 0 | 19,3 | » | » | » |
| 6 | Artzenheim . . . . . | 48 | 7 | 0 | 0 | 0 | 44,0 | » | » | » |
| 7 | Auburc . . . . . . . | 48 | 12 | 0 | » | » | » | 0 | 0 | 33,3 |
| 8 | Balgau . . . . . . . | 47 | 55 | 50 | 0 | 0 | 42,7 | » | » | » |
| 9 | Baltzenheim . . . . . | 48 | 5 | 40 | 0 | 0 | 47,3 | » | » | » |
| 10 | Baroche (La). . . . . | 48 | 6 | 40 | » | » | » | 0 | 0 | 37,3 |
| 11 | Beblenheim . . . . . | 48 | 9 | 40 | » | » | » | 0 | 0 | 8,0 |
| 12 | Bennwihr . . . . . . | 48 | 8 | 50 | » | » | » | 0 | 0 | 8,0 |
| 13 | Bergheim . . . . . . | 48 | 12 | 20 | 0 | 0 | 1,3 | » | » | » |
| 14 | Bergholtz . . . . . . | 47 | 55 | 20 | » | » | » | 0 | 0 | 27,3 |
| 15 | Bergholtz-Zell . . . . | 47 | 56 | 0 | » | » | » | 0 | 0 | 30,7 |
| 16 | Berrwiller . . . . . . | 47 | 51 | 10 | » | » | » | 0 | 0 | 34,0 |
| 17 | Biesheim . . . . . . | 48 | 2 | 20 | 0 | 0 | 44,7 | » | » | » |
| 18 | Bilzheim. . . . . . . | 47 | 57 | 30 | 0 | 0 | 6,7 | » | » | » |
| 19 | Bischwihr . . . . . . | 48 | 6 | 0 | 0 | 0 | 19,3 | » | » | » |
| 20 | Blodelsheim . . . . . | 47 | 53 | 20 | 0 | 0 | 43,3 | » | » | » |
| 21 | Bollwiller . . . . . . | 47 | 51 | 40 | » | » | » | 0 | 0 | 24,0 |
| 22 | Bonhomme. . . . . . | 48 | 10 | 30 | » | » | » | 0 | 0 | 58,7 |
| 23 | Breitenbach . . . . . | 48 | 1 | 30 | » | » | » | 0 | 0 | 2,0 |
| 24 | Brisach (Neuf-). . . . | 48 | 1 | 10 | 0 | 0 | 40,7 | » | » | » |
| 25 | Bühl . . . . . . . . | 47 | 55 | 5 | » | » | » | 0 | 0 | 42,7 |
| 26 | Colmar . . . . . . . | 48 | 4 | 40 | » | » | » | » | » | » |
| 27 | Croix (Ste) aux-Mines . | 48 | 16 | 0 | » | » | » | 0 | 0 | 32,0 |
| 28 | Croix (Ste) en-Plaine . | 48 | 0 | 30 | 0 | 0 | 6,0 | » | » | » |
| 29 | Dessenheim . . . . . | 47 | 58 | 30 | 0 | 0 | 30,7 | » | » | » |
| 30 | Dürrentzen. . . . . . | 48 | 5 | 40 | 0 | 0 | 34,0 | » | » | » |
| 31 | Eguisheim . . . . . . | 48 | 2 | 30 | » | » | » | 0 | 0 | 13,3 |
| 32 | Ensisheim . . . . . . | 47 | 52 | 0 | » | » | » | 0 | 0 | 2,0 |
| 33 | Eschbach . . . . . . | 47 | 1 | 30 | » | » | » | 0 | 0 | 51,3 |

| Nos | NOMS DES COMMUNES. | LATITUDES. | | | DIFFÉRENCE AVEC LE TEMPS DE COLMAR. en avance. | | | en retard. | | |
|---|---|---|---|---|---|---|---|---|---|---|
| | | deg. | m. | s. | h. | m. | s. | h. | m. | s. |
| 34 | Feldkirch . . . . . . | 47 | 52 | 10 | » | » | » | 0 | 0 | 19,3 |
| 35 | Fessenheim . . . . . | 47 | 55 | 0 | 0 | 0 | 42,7 | » | » | » |
| 36 | Fortschwihr . . . . . | 48 | 5 | 30 | 0 | 0 | 21,3 | » | » | » |
| 37 | Fréland . . . . . . . | 48 | 10 | 20 | » | » | » | 0 | 0 | 40,0 |
| 38 | Geisswasser . . . . . | 47 | 58 | 30 | 0 | 1 | 2,7 | » | » | » |
| 39 | Griesbach . . . . . . | 48 | 2 | 10 | » | » | » | 0 | 0 | 44,7 |
| 40 | Grussenheim . . . . . | 49 | 9 | 0 | 0 | 0 | 31,3 | » | » | » |
| 41 | Gueberschwihr . . . . | 48 | 0 | 20 | » | » | » | 0 | 0 | 20,0 |
| 42 | Guebwiller. . . . . . | 47 | 55 | 50 | » | » | » | 0 | 0 | 35,3 |
| 43 | Guémar . . . . . . . | 48 | 11 | 20 | 0 | 0 | 9,3 | » | » | » |
| 44 | Gundolsheim . . . . . | 47 | 56 | 0 | » | » | » | 0 | 0 | 16,0 |
| 45 | Günspach . . . . . . | 48 | 2 | 50 | » | » | » | 0 | 0 | 44,0 |
| 46 | Hartmanswiller. . . . | 47 | 51 | 50 | » | » | » | 0 | 0 | 34,0 |
| 47 | Hattstatt. . . . . . . | 48 | 0 | 50 | » | » | » | 0 | 0 | 14,0 |
| 48 | Heiteren. . . . . . . | 47 | 58 | 10 | 0 | 0 | 44,0 | » | » | » |
| 49 | Herrlisheim . . . . . | 48 | 1 | 10 | » | » | » | 0 | 0 | 7,3 |
| 50 | Hirtzfelden. . . . . . | 47 | 54 | 50 | 0 | 0 | 21,3 | » | » | » |
| 51 | Hœttenschlag. . . . . | 48 | 0 | 10 | 0 | 0 | 23,3 | » | » | » |
| 52 | Hohroth. . . . . . . | 48 | 3 | 20 | » | » | » | 0 | 0 | 56,7 |
| 53 | Holtzwihr . . . . . . | 48 | 6 | 50 | 0 | 0 | 14,7 | » | » | » |
| 34 | Horbourg . . . . . . | 48 | 4 | 50 | 0 | 0 | 8,7 | » | » | » |
| 55 | Houssen. . . . . . . | 48 | 7 | 30 | 0 | 0 | 4,7 | » | » | » |
| 56 | Hunawihr . . . . . . | 48 | 10 | 50 | » | » | » | 0 | 0 | 12,0 |
| 57 | Hüssern. . . . . . . | 48 | 2 | 10 | » | » | » | 0 | 0 | 18,7 |
| 58 | Hippolyte (Saint) . . . | 48 | 14 | 10 | 0 | 0 | 2,0 | » | » | » |
| 59 | Illhæusern. . . . . . | 48 | 11 | 0 | 0 | 0 | 18,7 | » | » | » |
| 60 | Ingersheim. . . . . . | 48 | 6 | 10 | » | » | » | 0 | 0 | 12,7 |
| 61 | Issenheim . . . . . . | 47 | 54 | 10 | » | » | » | 0 | 0 | 27,3 |
| 62 | Jebsheim . . . . . . | 48 | 7 | 30 | 0 | 0 | 28,7 | » | » | » |
| 63 | Katzenthal. . . . . . | 48 | 6 | 30 | » | » | » | 0 | 0 | 18,0 |
| 64 | Kaysersberg . . . . . | 48 | 8 | 30 | » | » | » | 0 | 0 | 22,7 |
| 65 | Kientzheim. . . . . . | 48 | 8 | 20 | » | » | » | 0 | 0 | 18,0 |
| 66 | Kuenheim . . . . . . | 48 | 4 | 10 | 0 | 0 | 41,3 | » | » | » |
| 67 | Lautenbach . . . . . | 47 | 56 | 30 | » | » | » | 0 | 0 | 48,7 |
| 68 | Lautenbach-Zell. . . . | 47 | 56 | 30 | » | » | » | 0 | 0 | 49,3 |
| 69 | Lièpvre . . . . . . . | 48 | 16 | 30 | » | » | » | 0 | 0 | 18,7 |
| 70 | Linthal . . . . . . . | 47 | 57 | 30 | » | » | » | 0 | 0 | 57,3 |
| 71 | Loglenheim . . . . . | 48 | 1 | 10 | 0 | 0 | 11,3 | » | » | » |
| 72 | Luttenbach . . . . . | 48 | 2 | 0 | » | » | » | 0 | 1 | 0,0 |
| 73 | Marie (Ste) aux-Mines . | 48 | 15 | 0 | » | » | » | 0 | 0 | 42,0 |
| 74 | Merxheim . . . . . . | 47 | 54 | 50 | » | » | » | 0 | 0 | 16,0 |

| Nos | NOMS DES COMMUNES. | LATITUDES. | | | DIFFÉRENCE AVEC LE TEMPS DE COLMAR. en avance. | | | en retard. | | |
|---|---|---|---|---|---|---|---|---|---|---|
| | | deg. | m. | s. | h. | m. | s. | h. | m. | s. |
| 75 | Metzeral. . . . . . . | 48 | 1 | 0 | » | » | » | 0 | 1 | 9,3 |
| 76 | Meyenheim. . . . . . | 47 | 55 | 0 | » | » | » | 0 | 0 | 0,7 |
| 77 | Mittelwihr . . . . . . | 48 | 9 | 10 | » | » | » | 0 | 0 | 8,7 |
| 78 | Mühlbach . . . . . . | 48 | 1 | 30 | » | » | » | 0 | 1 | 6,7 |
| 79 | Münchhausen. . . . . | 47 | 52 | 20 | 0 | 0 | 22,7 | » | » | » |
| 80 | Münster . . . . . . . | 48 | 2 | 30 | » | » | » | 0 | 0 | 53,3 |
| 81 | Muntzenheim . . . . . | 48 | 6 | 10 | 0 | 0 | 28,0 | » | » | » |
| 82 | Munwiller . . . . . . | 47 | 56 | 0 | » | » | » | 0 | 0 | 4,0 |
| 83 | Murbach. . . . . . . | 47 | 55 | 30 | » | » | » | 0 | 0 | 48,0 |
| 84 | Nambsheim . . . . . | 47 | 56 | 10 | 0 | 0 | 48,7 | » | » | » |
| 85 | Niederentzen . . . . . | 47 | 57 | 0 | 0 | 0 | 5,3 | » | » | » |
| 86 | Niederhergheim. . . . | 47 | 59 | 0 | 0 | 0 | 9,3 | » | » | » |
| 87 | Niedermorschwihr. . . | 48 | 6 | 0 | » | » | » | 0 | 0 | 20,0 |
| 88 | Oberentzen. . . . . . | 47 | 56 | 50 | 0 | 0 | 4,7 | » | » | » |
| 89 | Oberhergheim . . . . | 47 | 58 | 0 | 0 | 0 | 8,7 | » | » | » |
| 90 | Obermorschwihr . . . | 48 | 1 | 10 | » | » | » | 0 | 0 | 15,3 |
| 91 | Obersaasheim . . . . | 47 | 59 | 20 | 0 | 0 | 46,7 | » | » | » |
| 92 | Orbey. . . . . . . . | 48 | 7 | 50 | » | » | » | 0 | 0 | 6,0 |
| 93 | Orschwihr . . . . . . | 47 | 56 | 20 | » | » | » | 0 | 0 | 29,3 |
| 94 | Osenbach . . . . . . | 47 | 59 | 10 | » | » | » | 0 | 0 | 34,7 |
| 95 | Ostheim. . . . . . . | 48 | 9 | 30 | 0 | 0 | 3,3 | » | » | » |
| 96 | Pulversheim . . . . . | 47 | 50 | 20 | » | » | » | 0 | 0 | 14,7 |
| 97 | Pfaffenheim . . . . . | 47 | 59 | 0 | » | » | » | 0 | 0 | 18,0 |
| 98 | Poutroye (La). . . . . | 48 | 9 | 20 | » | » | » | 0 | 0 | 46,0 |
| 99 | Reguisheim . . . . . | 47 | 53 | 50 | » | » | » | 0 | 0 | 1,3 |
| 100 | Ribeauvillé. . . . . . | 48 | 12 | 0 | » | » | » | 0 | 0 | 10,0 |
| 101 | Riedwihr . . . . . . | 48 | 7 | 40 | 0 | 0 | 21,3 | » | » | » |
| 102 | Rimbach. . . . . . . | 47 | 54 | 20 | » | » | » | 0 | 0 | 49,3 |
| 103 | Rimbach-Zell . . . . . | 47 | 54 | 10 | » | » | » | 0 | 0 | 44,0 |
| 104 | Riquewihr . . . . . . | 48 | 10 | 10 | » | » | » | 0 | 0 | 14,3 |
| 105 | Rodern . . . . . . . | 48 | 13 | 40 | » | » | » | 0 | 0 | 0,7 |
| 106 | Rœdersheim . . . . . | 47 | 53 | 20 | » | » | » | 0 | 0 | 18,7 |
| 107 | Roggenhausen . . . . | 47 | 53 | 30 | 0 | 0 | 26,3 | » | » | » |
| 108 | Rorschwihr . . . . . | 48 | 13 | 10 | 0 | 0 | 0,7 | » | » | » |
| 109 | Rouffach. . . . . . . | 47 | 57 | 30 | » | » | » | 0 | 0 | 14,7 |
| 110 | Ruestenhart . . . . . | 47 | 56 | 30 | 0 | 0 | 24,0 | » | » | » |
| 111 | Rumersheim . . . . . | 47 | 51 | 10 | 0 | 0 | 40,0 | » | » | » |
| 112 | Sigolsheim . . . . . . | 48 | 8 | 10 | » | » | » | 0 | 0 | 14,0 |
| 113 | Sondernach . . . . . | 47 | 59 | 50 | » | » | » | 0 | 1 | 8,0 |
| 114 | Soultz. . . . . . . . | 47 | 53 | 20 | » | » | » | 0 | 0 | 31,3 |
| 115 | Soultzbach. . . . . . | 48 | 2 | 10 | » | » | » | 0 | 0 | 38,0 |

| Nos | NOMS DES COMMUNES. | LATITUDES. | | | DIFFÉRENCE AVEC LE TEMPS DE COLMAR. en avance. | | | en retard. | | |
|---|---|---|---|---|---|---|---|---|---|---|
| | | deg. | m. | s. | h. | m. | s. | h. | m. | s. |
| 116 | Soultzmatt. . . . . | 47 | 57 | 40 | » | » | » | 0 | 0 | 28,7 |
| 117 | Stosswihr . . . . . . | 48 | 3 | 10 | » | » | » | 0 | 1 | 0,7 |
| 118 | Sultzeren . . . . . . | 48 | 3 | 50 | » | » | » | 0 | 1 | 1,3 |
| 119 | Sundhoffen. . . . . . | 48 | 2 | 30 | 0 | 0 | 8,7 | » | » | » |
| 120 | Thannenkirch. . . . . | 48 | 13 | 50 | » | » | » | 0 | 0 | 12,7 |
| 121 | Türckheim. . . . . . | 48 | 5 | 20 | » | » | » | 0 | 0 | 19,3 |
| 122 | Ungersheim . . . . . | 47 | 52 | 40 | » | » | » | 0 | 0 | 12,7 |
| 123 | Urschenheim . . . . . | 48 | 5 | 10 | 0 | 0 | 30,0 | » | » | » |
| 124 | Vœgtlinshoffen . . . . | 48 | 1 | 20 | » | » | » | 0 | 0 | 18,7 |
| 125 | Vogelgrün . . . . . . | 48 | 0 | 50 | 0 | 0 | 50,7 | » | » | » |
| 126 | Vogelsheim . . . . . | 48 | 1 | 0 | 0 | 0 | 46,0 | » | » | » |
| 127 | Walbach. . . . . . . | 48 | 4 | 0 | » | » | » | 0 | 0 | 33,3 |
| 128 | Wasserbourg. . . . . | 48 | 0 | 10 | » | » | » | 0 | 0 | 48,7 |
| 129 | Weckolsheim. . . . . | 48 | 0 | 10 | 0 | 0 | 36,7 | » | » | » |
| 130 | Westhalten. . . . . . | 47 | 57 | 30 | » | » | » | 0 | 0 | 24,7 |
| 131 | Wettolsheim . . . . . | 48 | 3 | 40 | » | » | » | 0 | 0 | 14,3 |
| 132 | Wickerswihr . . . . . | 48 | 6 | 30 | 0 | 0 | 18,7 | » | » | » |
| 133 | Widensohlen . . . . . | 48 | 4 | 0 | 0 | 0 | 29,3 | » | » | » |
| 134 | Wihr-au-Val. . . . . | 48 | 3 | 20 | » | » | » | 0 | 0 | 37,3 |
| 135 | Wihr-en-Plaine. . . . | 48 | 5 | 10 | 0 | 0 | 12,7 | » | » | » |
| 136 | Wintzenheim. . . . . | 48 | 4 | 30 | » | » | » | 0 | 0 | 16,0 |
| 137 | Wolfgantzen . . . . . | 48 | 1 | 40 | 0 | 0 | 34,7 | » | » | » |
| 138 | Wuenheim. . . . . . | 47 | 52 | 30 | » | » | » | 0 | 0 | 36,0 |
| 139 | Zellenberg . . . . . | 48 | 10 | 20 | » | » | » | 0 | 0 | 9,3 |
| 140 | Zimmerbach . . . . . | 48 | 4 | 30 | » | » | » | 0 | 0 | 23,7 |

ARRONDISSEMENT DE MULHOUSE.

| Nos | NOMS DES COMMUNES. | deg. | m. | s. | h. | m. | s. | h. | m. | s. |
|---|---|---|---|---|---|---|---|---|---|---|
| 1 | Altkirch . . . . . . . | 47 | 37 | 30 | » | » | » | 0 | 0 | 25,3 |
| 2 | Bantzenheim . . . . . | 47 | 49 | 40 | » | » | » | 0 | 0 | 12,1 |
| 3 | Bartenheim . . . . . | 47 | 38 | 0 | » | » | » | 0 | 0 | 0,7 |
| 4 | Blotzheim . . . . . . | 47 | 36 | 10 | 0 | 0 | 1,2 | » | » | » |
| 5 | Ferrette . . . . . . . | 47 | 29 | 50 | » | » | » | 0 | 0 | 10,0 |
| 6 | Habsheim . . . . . . | 47 | 43 | 40 | 0 | 0 | 14,0 | » | » | » |
| 7 | Hegenheim. . . . . . | 47 | 33 | 40 | 0 | 0 | 3,9 | » | » | » |
| 8 | Hirsingue . . . . . . | 47 | 35 | 10 | » | » | » | 0 | 0 | 26,0 |
| 9 | Huningue . . . . . . | 47 | 35 | 40 | 0 | 0 | 54,0 | » | » | » |
| 10 | Landser. . . . . . . | 47 | 41 | 10 | 0 | 0 | 2,0 | » | » | » |
| 11 | Mulhouse . . . . . . | 47 | 44 | 50 | » | » | » | 0 | 0 | 5,7 |
| 12 | Oltingen. . . . . . . | 47 | 29 | 10 | 0 | 0 | 8,2 | » | » | » |

| Nos | NOMS DES COMMUNES. | LATITUDES. | DIFFÉRENCE AVEC LE TEMPS DE COLMAR. en avance. | DIFFÉRENCE AVEC LE TEMPS DE COLMAR. en retard. |
|---|---|---|---|---|
| | | deg. m. s. | h. m. s. | h. m. s. |
| 13 | Rixheim . . . . . . . | 47 44 30 | » » » | 0 0 7,0 |
| 14 | Sierentz. . . . . . . | 47 39 20 | » » » | 0 0 1,9 |
| | **ARRONDISSEMENT DE BELFORT.** | | | |
| 1 | Amarin (Saint-). . . . | 47 52 40 | » » » | 0 1 19,3 |
| 2 | Belfort . . . . . . . | 47 38 20 | » » » | 0 1 59,3 |
| 3 | Bitschwiller . . . . . | 47 50 10 | » » » | 0 0 11,9 |
| 4 | Cernay . . . . . . . | 47 48 40 | » » » | 0 0 44,7 |
| 5 | Dannemarie . . . . . | 47 37 40 | » » » | 0 0 57,3 |
| 6 | Delle . . . . . . . . | 47 30 30 | » » » | 0 1 26,7 |
| 7 | Fontaine. . . . . . . | 47 39 30 | » » » | 0 1 27,3 |
| 8 | Giromagny. . . . . . | 47 44 40 | » » » | 0 2 9,3 |
| 9 | Krüth. . . . . . . . | 47 56 10 | » » » | 0 0 17,9 |
| 10 | Massevaux. . . . . . | 47 46 30 | » » » | 0 1 27,3 |
| 11 | Oderen . . . . . . . | 47 54 30 | » » » | 0 0 16,1 |
| 12 | Sevenans . . . . . . | 47 35 10 | 0 0 3,1 | » » » |
| 13 | Thann. . . . . . . . | 47 48 50 | » » » | 0 1 2,0 |
| 14 | Uffholz . . . . . . . | 47 49 20 | » » » | 0 0 11,0 |
| 15 | Wattwiller . . . . . . | 47 50 10 | » » » | 0 0 11,9 |
| 16 | Willer. . . . . . . . | 47 50 50 | » » » | 0 0 12,3 |
| 17 | Wildenstein . . . . . | 47 58 30 | » » » | 0 0 20,1 |
| 18 | Wittelsheim . . . . . | 47 48 40 | » » » | 0 0 10,2 |

FIN.

# TABLE DES MATIÈRES.

www.ingramcontent.com/pod-product-compliance
Lightning Source LLC
LaVergne TN
LVHW020035170826
845678LV00001B/264